黄河口海域
生态改善成效评估

HUANGHEKOU HAIYU
SHENGTAI GAISHAN CHENGXIAO
PINGGU

王占金　李玲玲　张均龙　于晓霞 / 主编

谢　刚　彭岩波　张亚峰 / 主审

中国环境出版集团 · 北京

图书在版编目（CIP）数据

黄河口海域生态改善成效评估 / 王占金等主编. 北京 : 中国环境出版集团, 2025. 1. -- ISBN 978-7-5111-6031-7

Ⅰ. X821.252

中国国家版本馆CIP数据核字第20241YP634号

审图号：鲁 SG（2024）043 号

责任编辑 宾银平
封面设计 彭 杉

出版发行 中国环境出版集团
（100062 北京市东城区广渠门内大街 16 号）
网 址：http://www.cesp.com.cn
电子邮箱：bjgl@cesp.com.cn
联系电话：010-67112765（编辑管理部）
发行热线：010-67125803，010-67113405（传真）

印 刷 北京建宏印刷有限公司
经 销 各地新华书店
版 次 2025 年 1 月第 1 版
印 次 2025 年 1 月第 1 次印刷
开 本 787×960 1/16
印 张 7.5
字 数 100 千字
定 价 68.00 元

《黄河口海域生态改善成效评估》
编 委 会

主　　编：王占金　李玲玲　张均龙　于晓霞

副 主 编：李鹏飞　张启超　刘慧杰　张传兴

参编人员：（按姓氏笔画排序）

于潇潇　王启栋　王晓杰　曲寒雪
任宏伟　刘德龙　纪金龙　李少文
李　昂　李佳蕙　李学刚　杨雪娜
谷伟丽　宋晓月　宋维民　初小静
张孝帅　张　娟　张潇文　郑　鹏
姜晓瑜　陶慧敏　曹西华　韩广轩
谢宝华　靳　洋

主　　审：谢　刚　彭岩波　张亚峰

前言

黄河口作为中国重要的河口湿地生态系统，动植物资源丰富，不仅是海洋生物的栖息地，也是黄渤海渔业生物的主要产卵场、索饵场和育肥场。然而，受人类活动和全球变化的影响，尤其是陆源物质输入的增多和黄河入海量的减少，黄河口及近岸海域环境发生了显著性改变，许多海洋生物的生境出现破碎化或衰退等现象，渔业资源量下降，生物多样性降低，对海洋生态系统健康和经济社会可持续发展构成了潜在威胁。黄河流域生态保护和高质量发展战略实施以来，国家及山东省为改善和保护黄河口的生态环境，采取了一系列生态保护措施，取得了一定的成效。为全面摸清黄河口湿地和海域生态环境、生物多样性的本底数据，评估生物多样性保护成效，我们开展了黄河口生物调查，从而为更加精准、科学地开展黄河口海域生态保护和修复工作提供参考。

全书共分为 8 章，分别是总论，海洋生态环境评估，湿地植被多样性研究，浮游生物多样性研究，底栖动物多样性研究，游泳动物多样性研究，生物多样性保护成效及生态健康评估，对策及建议。全书以黄河口海域生物多样性调查及栖息地环境调查为基础，结合已掌握的历史资料和文献报道，对黄河口生态环境及生物多样性变化进行了总结及提炼，评价了黄河口及邻近海域生态健康程度，分析了可能对该海域海洋生态环境产生影响的主要因素，以期为黄河口海域乃至更广泛区域的海洋生态保护和修复提供科学依据，为相关政策制定提供支持，促进我国受损海洋生态系统的保护与恢复。

本书由山东省生态环境规划研究院牵头，中国科学院海洋研究所、中国科学院海岸带研究所、中国水产科学研究院黄海水产研究所和山东省海洋资源与环境研究院共同编制而成。由于本书涉及领域较多，不足及错误之处在所难免，敬请广大读者批评指正，并提出宝贵意见和建议，以便日后修改完善。

编　者

2024 年 10 月

目 录

1 总论

1.1 项目背景

黄河口海域位于渤海湾与莱州湾的湾口，是在黄河泥沙淤积、当地降水和径流以及潮流作用下形成的扇形冲积平原，自然资源丰富。黄河径流带来的大量有机质和营养盐类，使该海域成为渤海初级生产力水平较高的海区。

历史上黄河口水域渔业资源丰富，形成了莱州湾、渤海湾及黄河口渔场，是许多经济鱼、虾、蟹和贝类等海洋生物的产卵场、索饵场和育肥场，是我国重要的水产增养殖基地，对渤海、黄海渔业资源补充具有重要作用，也是渤海的重要生态功能区，在生物多样性保护与生态功能恢复方面具有重要的现实意义与价值。该地区还有我国暖温带保存最完整、最广阔、最年轻的湿地生态系统，是维系河口生态系统发育和演替、构成河口生物多样性和生态完整性的重要基础生态体系，具有原生性、脆弱性和稀有性等特征。黄河口属暖温带大陆性季风气候，四季分明，年平均气温 12.1℃，年平均降水量 576.7 mm，年平均蒸发量 1 962 mm，夏季降水量约占全年降水量的 70%。该地区的植被主要为芦苇、盐地碱蓬、柽柳、荻、穗状狐尾藻、补血草等，盐地碱蓬为潮间带的先锋物种。

山东黄河三角洲国家级自然保护区于 1992 年成立，分为南、北两个区域，南部区域位于黄河入海口，北部区域位于 1976 年改道后的黄河故道入海口。区域内湿地面积广阔，类型多样，既有天然湿地、淡水沼泽湿地、滩涂湿地、非潮汐湿地等，也有人工湿地，如水田、水库、沟渠、盐沼等。其中，淡水沼泽湿地是河口地区陆域、淡水水域和海洋生态单元的交互缓冲地区，与黄河水力联系密切，是维持河口系统平衡和生物多样性保护的生态关键因素，对维持河口地区水盐平衡，提供鸟类迁徙、繁殖和栖息生境，维持三角洲生态发育平衡等，具有十分重要和不可替代的生态价值与功能。

生态环境部、国家发展改革委等六部门印发的《"十四五"海洋生态环境保护规划》提出强化美丽海湾示范建设和长效监管，重点推动入海河口、海湾、滨海湿地与红树林、珊瑚礁、海草床等典型生态系统保护修复，健全海洋生物多样性调查、监测、评估和保护体系。山东省生态环境厅、省发展改革委、省财政厅、省自然资源厅等多部门联合印发《山东省生物多样性保护战略与行动计划（2021—2030 年）》，要求划定生物多样性保护优先区域，明确规定黄河口及毗邻海域、莱州湾海域、庙岛群岛附近海域以及胶州湾及邻近海域等为生物多样性保护优先区域，提出"到 2025 年，持续推进黄河流域、黄渤海等生物多样性保护优先区域的本底调查与评估，初步建立生物多样性监测网络"。《山东省"十四五"生态环境保护规划》提出"加强海洋生物多样性保护""开展海洋生物多样性调查和监测，健全海洋生物生态监测评估网络体系"。山东省《海洋强省建设行动计划》提出"开展海洋生物多样性本底调查，加强海洋生物种类保护，建设海洋资源基础信息平台。建立健全海洋生态预警监测体系”。

为贯彻落实国家和山东省重要工作部署，全面掌握黄河口海洋生物多样性和生态健康现状，识别黄河口海洋生物多样性保护和区域生态健康存在的主要问题，针对性提出黄河口海洋生物多样性保护和生态健康修复的对策建议，2023 年开展黄河口海域海洋生物多样性调查，并对黄河口海洋生物多样性和海洋生态健康状况进行系统评估。

1.2 调查目的

（1）摸清黄河口海域生态环境和生物多样性底数

现有黄河口生物及生态环境资料、数据呈现分散化、碎片化，整体性和系统性不强，不足以有效支撑黄河口生态保护评估决策；黄河口大型底栖动物、游泳动物等调查较多，但调查区域、调查方法、统计方法不尽相同；微型、小型底栖生物和微生物因受条件限制，很少开展甚至没有调查。而当前，生物多样性及生态环境已发生了较大改变，原有大部分数据仅可作为今后的对比资料，无法客观反映生物多样性及海洋环境的基本现状。总体来看，目前对黄河口海域生物多样性基本情况和变化情况了解尚少且不够深入，不利于该区域海洋生物多样性资源的可持续利用和海洋生物的保护，有必要开展系统全面的调查，摸清黄河口海域生态环境和生物多样性底数。

（2）评估生物多样性保护成效

自 1992 年山东黄河三角洲国家级自然保护区成立以来，黄河口海域在生态保护和高质量发展方面开展了大量的工作，但取得的成效和阶段性成果尚不清楚。现阶段开展黄河口海域生态调查和生态保护成效评估，有助于为黄河生态保护的长期发展提供技术支撑，确保保护资源有效分配，保证每一分投入均可发挥最大生态效益。此外，评估结果的公开和信息共享可增强社会公众对保护工作的理解与支持和信任，提高透明度，激发更广泛的社会参与。

（3）为生态系统修复、生物多样性保护奠定基础

黄河口海域环境条件复杂多变，生态类型多样特殊，拥有地球暖温带地区最广阔、最完整、最年轻的湿地生态系统；是河海相互作用地带，渤海海水被来自黄河的淡水所稀释，在海洋潮汐、冲淡水交汇的动态平衡中，可能发生海水入侵或黄河改道等各种情况。此外，受工业废水、生活污水及航运等方面的影响，黄河口海域水体富营养化时有发生，黄河口及近岸海域栖息地环境变化较大，生物群落结构持续改变。分析该区域生物的种类组成及数量特征，有助于了解黄河口海域的生物群落结构及生境特点，为评估黄河口海域生态系统健康状况提供理论依据，为生态系统修复、生物多样性保护提供政策建议。

1.3 调查范围

调查范围包括：根据调查生物类别和调查方法不同，分三部分开展调查，分别为近岸海域潮下带、近岸海域潮间带和三角洲湿地调查。

①近岸海域潮下带（简称潮下带）：低潮线为起始线，向海延伸 12 n mile[①]的区域（重点调查受目前黄河入海水沙影响的海域范围）。

②近岸海域潮间带（简称潮间带）：受刁口河、清水沟、清八汊河 3 个流路影响的潮间带区域。

③三角洲湿地。整个调查范围向陆一侧为山东黄河三角洲国家级自然保护区界，向海一侧为潮间带陆界（其中包含新、老黄河入海口两块

① n mile 为海里，1 n mile=1.852 km。

生物多样性较复杂的区域）。涉及陆域面积 1 530 km^2，海域面积 2 600 km^2。

具体调查范围如图 1-1 所示。

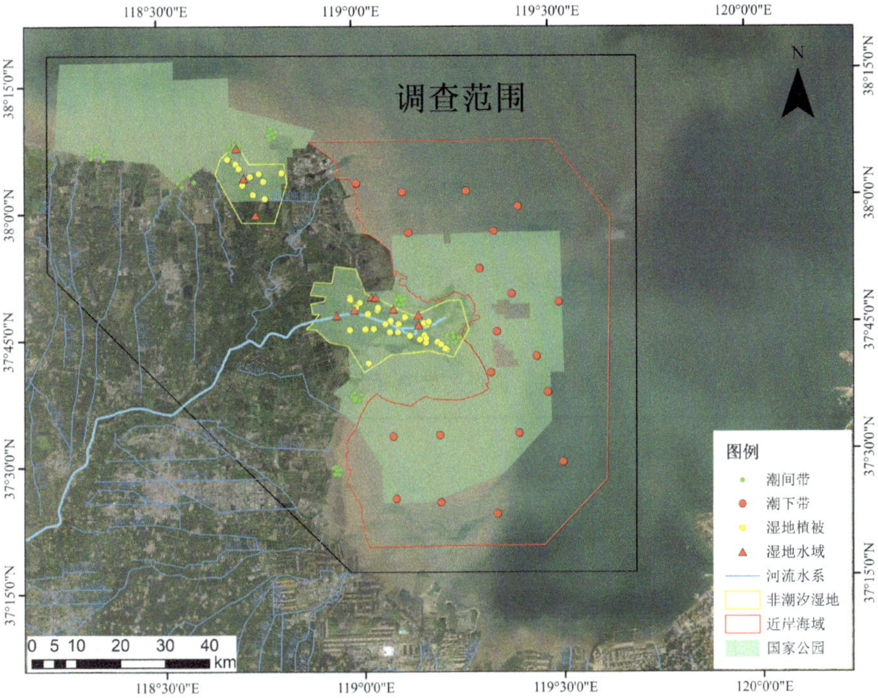

图 1-1 黄河口调查范围示意

1.4 调查内容及频次

调查原则：

①系统性：覆盖主要生境和生物类群。

②规范性：满足相关规范要求。

③科学性：增加新的方法，考虑物种生活习性。

④可比性：生物与环境同步调查，对比历史与现状变化。

潮下带主要调查区域为黄河口周边近岸受黄河径流直接影响的海域，重点调查浮游生物、底栖生物、游泳动物、鱼卵和仔稚鱼、微生物以及水环境等。

潮间带主要调查黄河入海口流路两侧大量潮间带滩涂湿地的底栖生物、微生物及沉积环境等。

三角洲湿地主要调查自然保护区内河口水域、淡水或半咸水湖沼、盐水沼泽、黄河干流及支流河段等的生物多样性及生物生境状况。

具体调查内容及频次如表 1-1 所示。

表 1-1 调查内容及频次一览表

调查部分	调查内容	站位数量/个	频次/次	调查指标	备注
潮下带	浮游生物	20	2	类群、生物种、中文学名、生物种拉丁名、密度、总生物量等	
	底栖生物	20	2	底质类型、类群、生物种、中文学名、生物种拉丁名、数量、密度、质量、生物量、eDNA 等	包括大型、小型和微型底栖生物
	游泳动物	20	3	类群、生物种、中文学名、生物种拉丁名、密度、总生物量、eDNA 等	10 月单独开展一次调查，站位与前两次相同
	鱼卵和仔稚鱼	20	3	生物种、中文学名、生物种拉丁名、发育阶段、体长、数量、卵径、密度、eDNA 等	10 月单独开展一次调查，站位与前两次相同
	微生物	20	2	底质类型、类群、生物种、中文学名、生物种拉丁名、每克样品中含有的菌落总数等	
	水环境	20	2	水温、pH、溶解氧、盐度、透明度、色度、水深、石油类、化学需氧量、总磷、活性磷酸盐、总氮、亚硝酸盐氮、硝酸	

调查部分	调查内容	站位数量/个	频次/次	调查指标	备注
				盐氮、氨氮、叶绿素 a 等 16 项	
潮下带	沉积环境	20	2	pH、底温、容重、含水率、沉积物总氮、沉积物总磷、沉积物粒度、沉积物有机碳、石油类、重金属及类金属（铜、锌、铬、汞、镉、铅、砷等）、硫化物等 11 项	
潮间带	底栖生物	48	2	底质类型、类群、生物种、中文学名、生物种拉丁名、数量、密度、质量、生物量、eDNA 等	包括大型、小型和微型底栖生物
	鱼类	48	2	底质类型、种类、中文学名、物种拉丁名、数量、密度、生物量、eDNA 等	
	微生物	48	2	底质类型、类群、生物种、中文学名、生物种拉丁名、每克样品中含有的菌落总数等	
	沉积环境	48	2	pH、底温、容重、含水率、沉积物总氮、沉积物总磷、沉积物粒度、沉积物有机碳、石油类、重金属及类金属（铜、锌、铬、汞、镉、铅、砷等）、硫化物等 11 项	
三角洲湿地	湿地植被	48	1	湿地植被以盐沼植被为主，如柽柳、碱蓬、芦苇、互花米草等。草本：类群、生物种、中文学名、生物种拉丁名、株数、高度、频度、单个物种盖度、样方草本植物的总盖度、密度、生物量等；灌木：类群、生物种、中文学名、生物种拉丁名、株数、高度、冠幅（四个方向）、胸径、单个灌木的盖度、密度、生物量	
	浮游生物	10	2	类群、生物种、中文学名、生物种拉丁名、密度、总生物量等	根据现场状况，选取三角洲湿地内适宜开展生物调查的永久或半永久水域设置点

调查部分	调查内容	站位数量/个	频次/次	调查指标	备注
					位
三角洲湿地	底栖生物	10	2	底质类型、类群、生物种、中文学名、生物种拉丁名、数量、密度、质量、生物量、eDNA 等	根据现场状况，选取三角洲湿地内适宜开展生物调查的永久或半永久水域设置点位
	游泳动物	10	3	类群、生物种、中文学名、生物种拉丁名、密度、总生物量、eDNA 等	
	微生物	10	2	底质类型、类群、生物种、中文学名、生物种拉丁名、每克样品中含有的菌落总数等	
	水环境	10	2	水温、pH、溶解氧、盐度、透明度、色度、水深、石油类、化学需氧量、总磷、活性磷酸盐、总氮、亚硝酸盐氮、硝酸盐氮、氨氮、叶绿素 a 等 16 项	
	沉积环境	10	2	pH、底温、容重、含水率、沉积物总氮、沉积物总磷、沉积物粒度、沉积物有机碳、石油类、重金属及类金属（铜、锌、铬、汞、镉、铅、砷等）、硫化物等 11 项	

1.5 站位布设

本次调查在三角洲湿地和近岸海域共布设 126 个站位，如图 1-2 所示。其中，潮下带设 20 个站位，潮间带设 48 个站位，三角洲湿地设 58 个站位。

潮下带布点原则：采用大面站位均匀布点法，海域内大面站位依据相等间隔距离设置，经纬度各相距 10'设置 1 个站位，具体根据现场水深状况做适度调整，共设置 20 个调查站位。

潮间带布点原则：依据河流入海口地形及可达性，覆盖黄河口主要流路，在潮间带选取具有生物多样性典型特征的 8 个断面，每个断面在低、中、高潮带分别取 1 个、3 个、2 个站位，共设置 48 个站位。刁口河、清水沟、清八汊河流路共设置 8 个断面（S1～S8），其中，S1、S2、S3、S4 断面在刁口河流路，S5 在清八汊河流路，S6、S7、S8 在清水沟流路。

三角洲湿地布点原则：结合调查规范、历年调查和湿地遥感解译结果，尽量采取与历史监测采样点相吻合的原则，以便开展历史趋势分析，湿地植被设置 48 个站位，湿地水域设置 10 个站位。

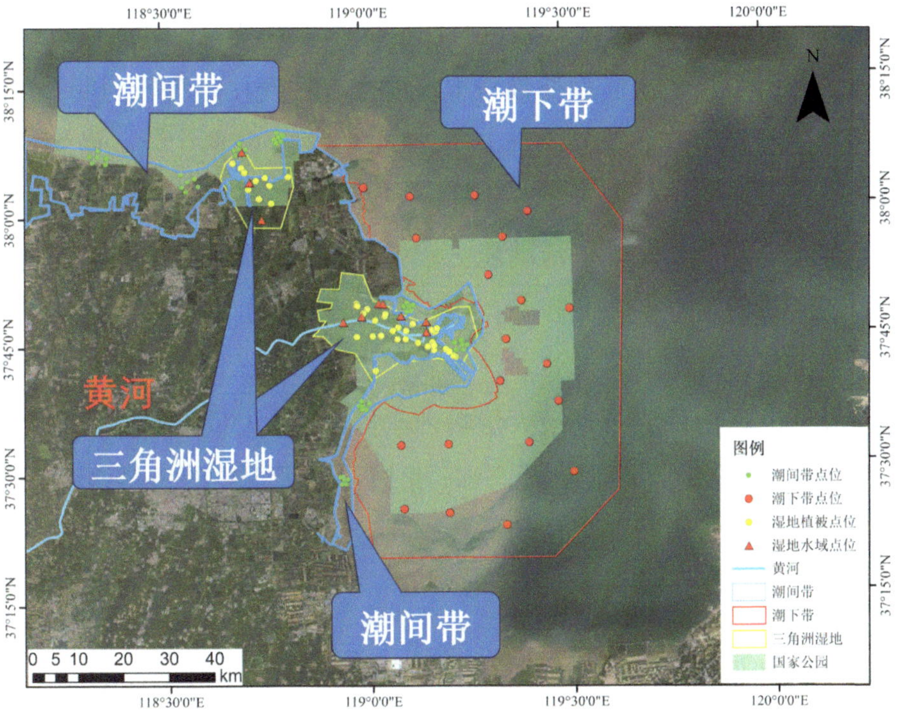

图 1-2 调查站位示意

1.6 调查时间

针对生物的生长期、繁殖期、洄游期以及植物生长期等的生物特征，参照海洋调查规范系列标准（GB/T 12763），结合黄河口实际，确定调查时间和频次。

1.6.1 潮下带

渤海为半封闭的浅海，黄河口近岸浅水区海水盐度受黄河径流影响大，黄河径流会带来陆源和淡水的营养盐，从而影响底栖生物和浮游生物的种类和数量。该海区水温也有明显的季节性变化。黄河口近岸海域底栖生物和浮游生物群落种数与丰富度季节性变化趋势较为明显。因此选择在枯水期和丰水期各调查 1 次。浮游生物、底栖生物、微生物、沉积环境、水环境指标调查等分别在 5 月及 8 月各调查 1 次，共 2 次。

游泳生物主要是一些活动能力较强的暖水性物种。这些活动能力较强的游泳动物，春季在此产卵，由于在冬季不能适应过低的温度条件，每年洄游到黄海深水区过冬，只季节性地分布在该区域。此外，黄河入海径流量也对物种分布有很大影响，河水会挟带大量陆原性营养盐进入河口海域，为洄游性动物到此产卵、索饵提供了重要的饵料资源。因此，将游泳动物、鱼卵和仔稚鱼的调查频次设为 5 月、8 月、10 月各 1 次，共 3 次。

1.6.2 潮间带

考虑到潮间带生物因其活动能力有限，数量上占优势的主要是一些广温低盐性物种，除受黄河径流量影响较大外，还受环境因子的季节变化以及物种季节性繁殖影响。黄河口潮间带底栖生物及鱼类越冬之后大多在4月、5月进入快速生长期，少数进入自然繁殖期，通常6月为繁殖盛季。调查选在7月和9月开展，便于生物样品的获取，避免有些物种在繁殖期排放精卵造成大规模死亡，影响群落结构的分析。因此，底栖生物、鱼类、微生物、沉积环境等分别在7月及9月各调查1次，共2次。

1.6.3 三角洲湿地

黄河口三角洲湿地生物群落种数和丰富度季节性变化趋势较为明显，需选择在枯水期和丰水期各调查1次；湿地植被生物量达到最高峰的时间在8月，8月也是植物性状的最佳时期。因此，浮游生物、底栖生物、微生物、游泳动物、沉积环境、水环境等指标分别在6月及9月各调查1次，共2次；湿地植被在8月调查1次。

1.7 调查方法

调查方法参照海洋监测规范系列标准（GB 17378）、海洋调查规范系列标准（GB/T 12763）、《潮间带调查规范》（GB/T 42639—2023）、《海洋沉积物间隙生物调查规范》（GB/T 34656—2017）、海洋监测技术规程系列标准（HY/T 147）、近岸海域环境监测技术规范系列标准（HJ 442）等近 40 项国家标准、团体标准、地方标准及相关书籍文献，结合现场及实验室实际情况开展调查、鉴定、分析工作。

1.8 评价方法

1.8.1 水环境评价

依据《海水、海洋沉积物和海洋生物质量评价技术规范》（HJ 1300—2023）、《海水水质标准》（GB 3097—1997），对水环境 pH、溶解氧、盐度、透明度、色度、石油类、化学需氧量等采用单因子指数法进行海水水质评价，结合总磷、活性磷酸盐、无机氮（亚硝酸盐氮、硝酸盐氮、氨氮）调查结果等进行海水富营养化评价及有机污染评价。

1.8.2 沉积环境评价

依据《海洋沉积物质量》（GB 18668—2002）、《海水、海洋沉积物和海洋生物质量评价技术规范》（HJ 1300—2023）对 pH、总氮、总磷等作现状描述，对硫化物、有机碳进行理化性质评价，对石油类、重金属及类金属（铜、锌、铬、汞、镉、铅、砷）进行一般污染物指标评价。

1.8.3 海洋生物多样性评价

1.8.3.1 区域单类生物多样性评价

对潮下带、潮间带、三角洲湿地各类型生物的物种数量、生物密度、生物量、Shannon-Wiener 多样性指数、Pielou 均匀度指数、Margalef 物种丰富度指数、优势种优势度、相对重要性指数（index of relative importance，IRI）、海洋营养级指数（TF）等指标进行评价。

1.8.3.2 生物多样性综合评价

在潮下带、潮间带、三角洲湿地生物多样性评价的基础上，依据《近岸海域海洋生物多样性评价技术指南》（HY/T 215—2017），根据海洋营养级、浮游动物物种多样性、浮游植物物种多样性、潮间带底栖动物物种多样性、潮下带底栖动物物种多样性对调查海域海洋生物多样性进行综合评价。

1.8.4 海洋生态健康评价

1.8.4.1 评价指标及计算

依据《近岸海洋生态健康评价指南》（GB/T 42631—2023），开展调查海域海洋生态健康评价，包括水环境、沉积环境、生物质量、栖息地、生物群落五类指标，并计算生态健康指数。

生态健康指数按下式计算：

$$\mathrm{CEH}_{\mathrm{indx}} = W_{\mathrm{indx}} + S_{\mathrm{indx}} + \mathrm{BR}_{\mathrm{indx}} + E_{\mathrm{indx}} + D_{\mathrm{indx}}$$

式中：$\mathrm{CEH}_{\mathrm{indx}}$——生态健康指数；

W_{indx}——水环境健康指数；

S_{indx}——沉积环境健康指数；

$\mathrm{BR}_{\mathrm{indx}}$——生物质量健康指数；

E_{indx}——栖息地健康指数；

D_{indx}——生物群落健康指数。

1.8.4.2 评价标准及分级

依据 $\mathrm{CEH}_{\mathrm{indx}}$ 评价生态系统健康状况，当 $\mathrm{CEH}_{\mathrm{indx}} \geqslant 80$ 时，生态系统处于健康状态；当 $43 \leqslant \mathrm{CEH}_{\mathrm{indx}} < 80$ 时，生态系统处于亚健康状态；当 $\mathrm{CEH}_{\mathrm{indx}} < 43$ 时，生态系统处于不健康状态。

2 海洋生态环境评估

2.1 湿地环境

黄河三角洲拥有我国最年轻、保存最完整的新生河口湿地生态系统，以及大面积的浅海滩涂和沼泽。2023 年黄河三角洲湿地总面积为 16.09 万 hm^2，其中自然湿地面积 8.32 万 hm^2，人工湿地面积 7.77 万 hm^2（图 2-1）。自然湿地类型主要为滩涂、苇草地、沼泽、浅海湿地，人工湿地类型为养殖池、水田。

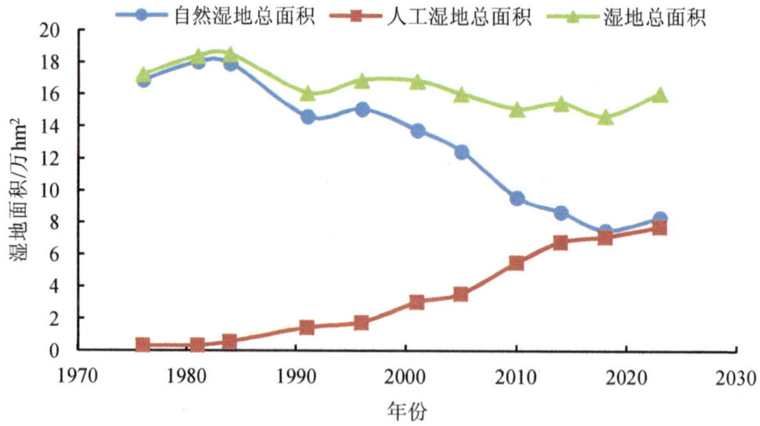

图 2-1 湿地总面积变化

在全球气候变化和人类活动的影响下，黄河三角洲滨海湿地退化严重（于冬雪，2021）（图 2-2）。1976—2018 年，湿地总面积由 17.26 万 hm^2 下降至 14.71 万 hm^2；其中，自然湿地面积由 16.90 万 hm^2 下降至 7.56 万 hm^2，自然湿地类型在人类活动高强度开发的影响下，由以前的苇草地、滩涂逐渐演变为滩涂、苇草地、沼泽、浅海湿地等（图 2-3）；人工湿地面积由 0.36 万 hm^2 上升至 7.15 万 hm^2（图 2-4），其分布从中部逐渐向沿海地区扩散，养殖池、盐田、建筑用地、油井、旱田、水田和水库/坑塘（库塘）的面积均呈增长趋势，增长最快的地类为养殖池、水田，其次是盐田及水库/坑塘。

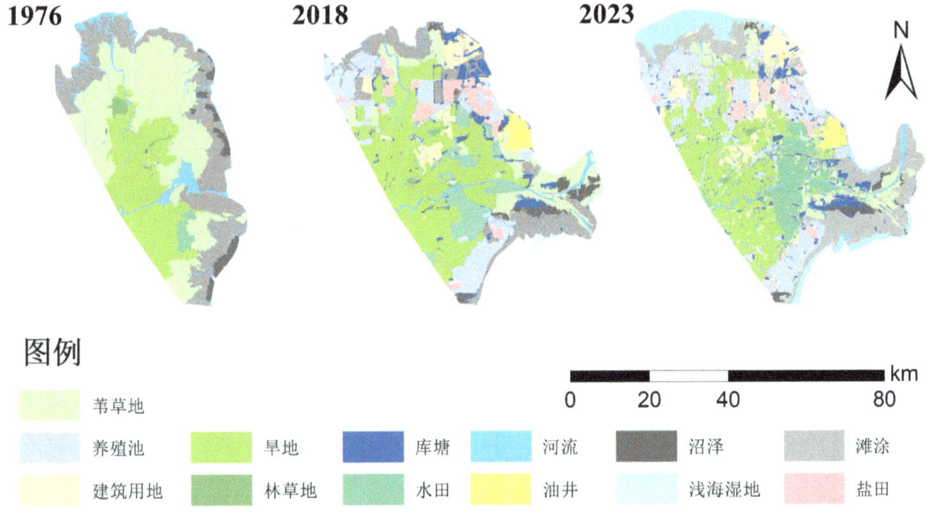

图 2-2 黄河口湿地时空演变示意

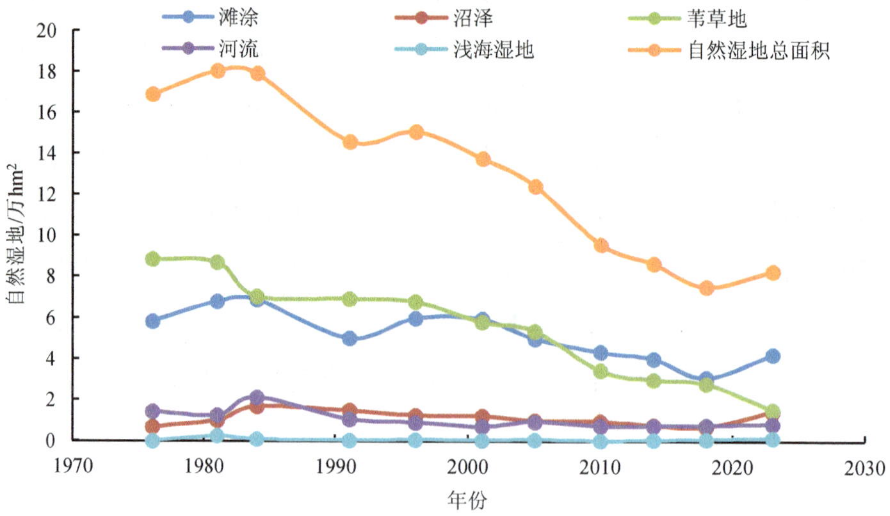

图 2-3 自然湿地面积变化

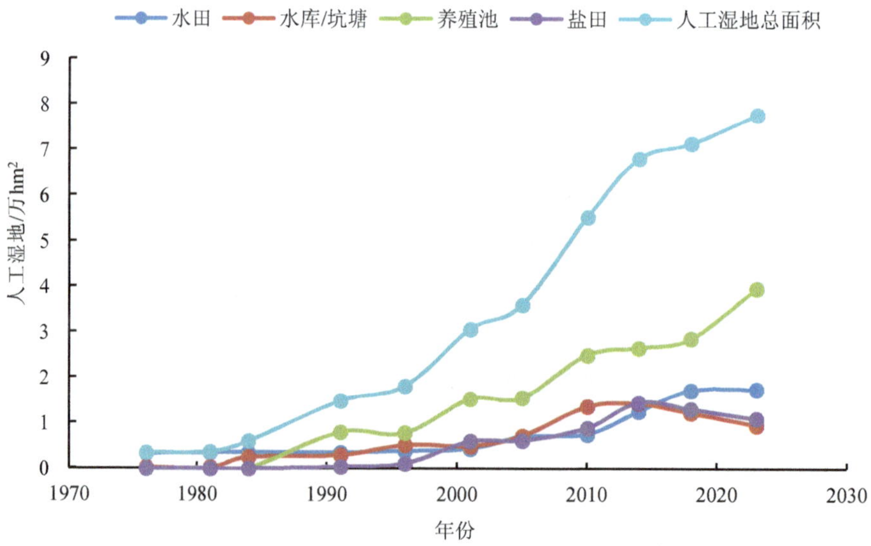

图 2-4 人工湿地面积变化

2019 年黄河流域生态保护和高质量发展战略实施以来，累计退耕还湿、退养还滩 7.25 万亩[①]；增加水面面积 4.74 万亩；连通水系 241 km；修复湿地面积 1.88 万 hm^2，增长了 12.3%；累计治理互花米草 1.1 万 hm^2，复萌率低于 10%。通过实施退耕还湿、退养还滩、水系连通、补充本土植被等措施，加快了湿地自我修复进程，湿地总面积、自然湿地、人工湿地均有所增加。总面积由 2018 年的 14.71 万 hm^2 增加至 2023 年的 16.09 万 hm^2；自然湿地总面积由 7.56 万 hm^2 上升至 8.32 万 hm^2，但苇草地减少 1.25 万 hm^2；人工湿地总面积由 7.15 万 hm^2 上升至 7.77 万 hm^2，水库/坑塘减少 27.81 km^2，盐田减少 21.55 km^2（图 2-5～图 2-7）。总体上，黄河三角洲滨海湿地自然面积呈先下降后增长趋势，2018 年以来自然湿地和人工湿地均呈现增长趋势，表明 2018 年以来实施的一系列保护措施和湿地修复工程有效地遏制了湿地退化的趋势，但是自然湿地中的苇草地依旧在不断减少，特别是黄河近年输沙量减少，新生湿地面积增长减缓，加之互花米草等外来物种的扩张，对黄河三角洲滨海湿地演变的影响剧烈，湿地修复及保护仍然道阻且长。

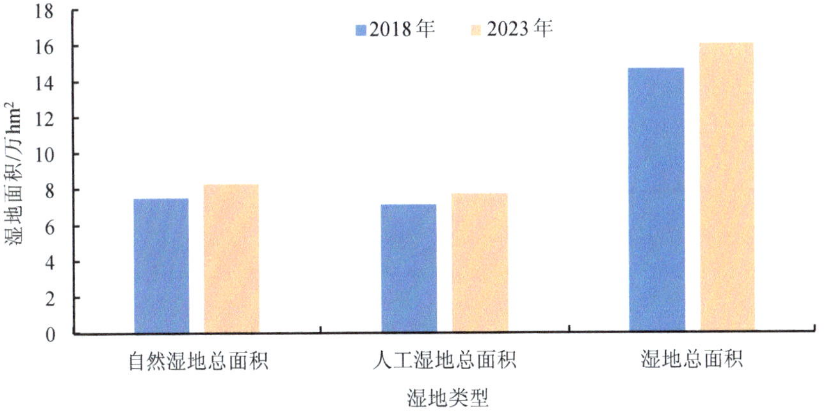

图 2-5 黄河流域生态保护和高质量发展战略实施以来湿地面积变化

① 1 亩=1/15 hm^2。

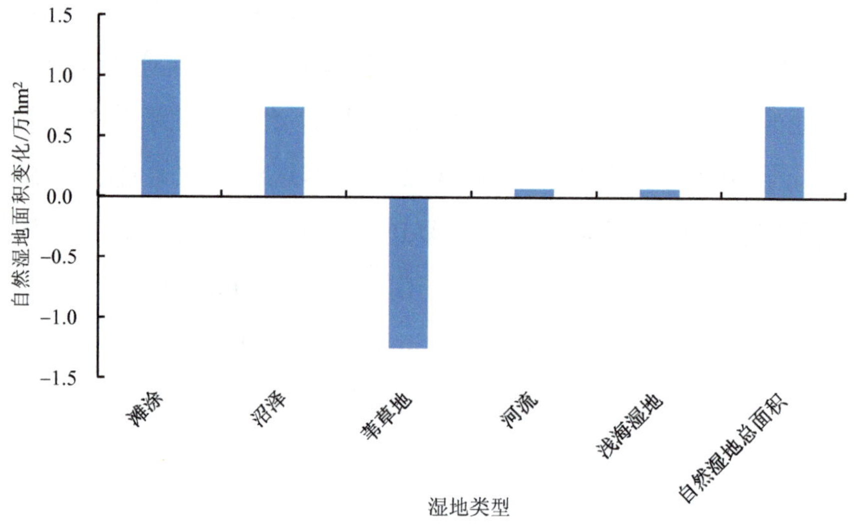

图 2-6 黄河流域生态保护和高质量发展战略实施以来自然湿地类型面积变化

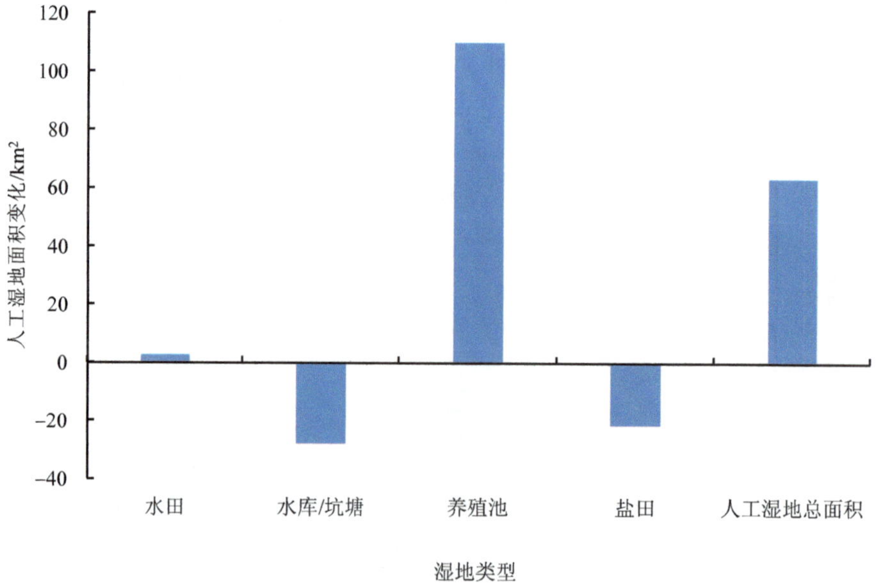

图 2-7 黄河流域生态保护和高质量发展战略实施以来人工湿地类型面积变化

2.2 岸线环境

河口海岸地处陆海交界的过渡地带，是陆地、河流及海洋的汇聚处，具有重要的资源价值及生态功能，关乎沿海地区的经济发展和生态安全，是国家政府部门及科学家关注的热点区域。黄河是世界上输沙量最大的河流，因水少沙多、入海沉积区水深较浅及地势平坦等特点，海陆变迁较为活跃，尤其是河口地区受河流泥沙淤积及海洋动力侵蚀双重作用的影响，海岸线变化剧烈，存在明显的蚀退及淤进现象（沈焕庭等，2006）。截至 2023 年，黄河口岸线长度为 205.00 km，自然岸线长 140.39 km，人工岸线长 64.61 km（图 2-8）。

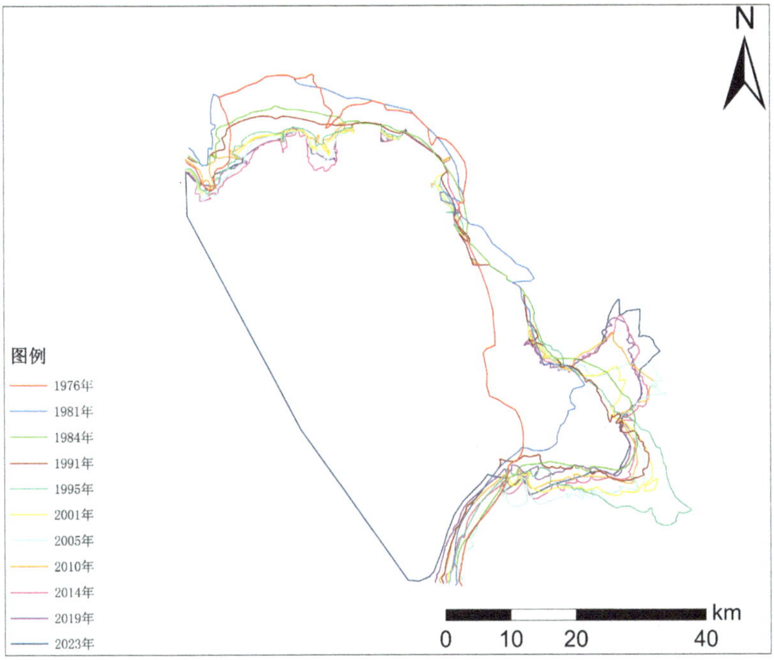

图 2-8　1976—2023 年黄河口岸线变化示意

1976—2018 年（于冬雪，2021），黄河口岸线长度呈现波动增长趋势，增长幅度为 59.36 km（图 2-9），岸线长度变化主要受黄河改道影响，表现为清水沟流路区域和清八汊流路区域向海延伸增长，刁口河流路区域和神仙沟流路区域向内陆蚀退。人工岸线呈增长趋势，而受黄河入海水沙量减少及人类活动的影响，自然岸线呈减少趋势。1981 年人工岸线仅为 0.50 km，1981—2018 年人工岸线增长了 67.87 km，2018 年人工岸线占总岸线的 32.76%。自然岸线中刁口河和神仙沟区域岸线呈减少趋势，其中神仙沟区域自然岸线减少速度最快。清八汊、清水沟等受人为活动干扰较小，自然岸线呈缓慢增长趋势。

2019 年黄河流域生态保护和高质量发展战略实施以来，黄河口岸线长度由 208.71 km 下降至 205.00 km，其中人工岸线由 68.37 km 下降至 64.61 km，自然岸线长度略有增加，由 140.34 km 增加至 140.39 km，缩减的趋势有所回升（图 2-9），主要原因是人类活动减少、调水调沙以及岸线修复。

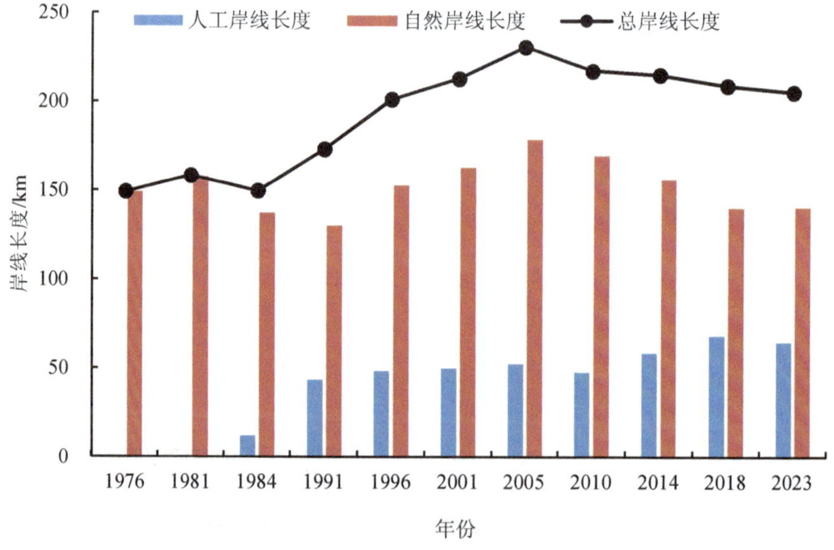

图 2-9 1976—2023 年黄河口岸线长度变化

2.3　水体环境

随着全球环境和海洋生态系统的不断变化，海洋水体环境各项指标也随之发生变化，如海水富营养化，全球变暖导致的海水温度升高，海洋酸化及缺氧等事件对海洋生物产生巨大影响。黄河口是河流淡水生态系统和海洋生态系统的交汇处，具有较强的边际效应和高生产力，是经济渔业生物，特别是鱼类、甲壳类的主要产卵场、索饵场和育肥场（金显仕等，2000）。然而，近年来黄河口及其邻近海域鱼类种类数明显减少，且呈现小型化、低质化现象（翟璐等，2014），相关研究表明该现象可能受陆源排污量增多、过度捕捞、石油化工事故、渔业生产等人为活动以及气候变化等环境因素共同影响（高振斌等，2018；马伟伟等，2021；孙雅妮等，2023）。

黄河口潮下带 2 个航次海水水质调查结果显示（表 2-1 和表 2-2），总体以一类、二类水质为主，除 pH、溶解氧在 8 月有个别站位超标外，无机氮为影响海水质量的主要因素，5 月、8 月航次无机氮优良水质站位比例分别为 15%、70%。其余指标均符合一类、二类海水水质标准。空间分布上，超二类水质海域主要位于黄河口邻近海域，该区域受黄河径流输入影响显著。

表 2-1　5 月黄河口潮下带水质指标站位达标情况

水质指标	优良站位数/个	优良站位比例/%
pH	20	100
溶解氧	20	100
化学需氧量	20	100
无机氮	3	15
活性磷酸盐	20	100
石油类	20	100

表 2-2　8 月黄河口潮下带水质指标站位达标情况

水质指标	优良站位数/个	优良站位比例/%
pH	19	95
溶解氧	17	85
化学需氧量	20	100
无机氮	14	70
活性磷酸盐	20	100
石油类	20	100

受黄河径流输入等因素影响，黄河口潮下带海域水质优良比例较低，主要污染因子为无机氮。2019—2023 年优良水质站位比例在 10%～65%，各季节存在不同，夏季略好于春季（图 2-10 和图 2-11）。

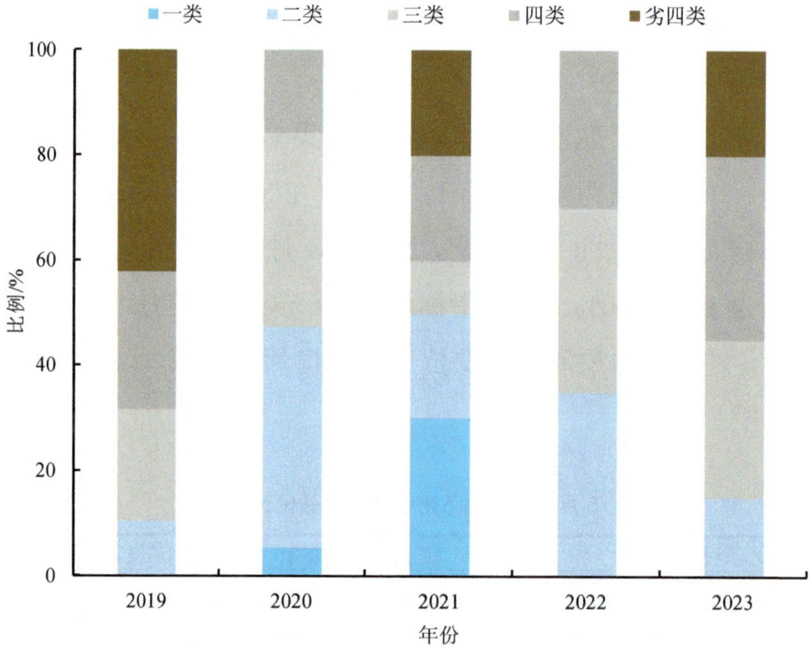

图 2-10　历史同期春季水质类别变化

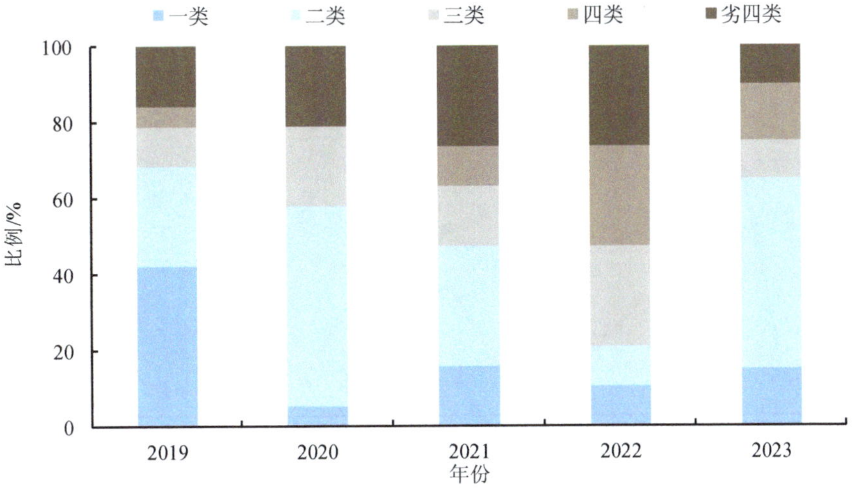

图 2-11　历史同期夏季水质类别变化

通过收集黄河口邻近海域历史数据，结合本次调查的情况，无机氮浓度整体呈现波动上升的变化趋势（图 2-12）。1959 年无机氮浓度较低，1984 年升高至约 400 μg/L，2003 年较低，之后总体呈上升趋势，但 2023 年表现出较大幅度下降。磷酸盐自 1959 年整体呈现“先大幅降低后波动上升再下降”的变化趋势，其中 1959 年、1984 年磷酸盐浓度较高，2003 年大幅降低，这可能与 1999 年 1 月 1 日起全面禁用含磷洗衣粉有关，2009 年后略有升高，随后呈波动变化状态，2019 年以后在较低水平趋于稳定（图 2-12）。氮磷比总体呈现升高趋势，1959—2003 年整体相对较低，2004—2018 年均处于较高水平，2018 年以来随着无机氮浓度呈现持续升高趋势，磷酸盐浓度维持在较低水平，氮磷比明显升高，2023 年因为无机氮浓度的较大下降，氮磷比大幅下降（图 2-13）。

黄河口邻近海域目前还呈现出严重的磷限制特征，表明浮游植物可利用的氮过剩，可用的磷不足，从而限制了海洋初级生产力，增大了海洋生态灾害发生的风险。

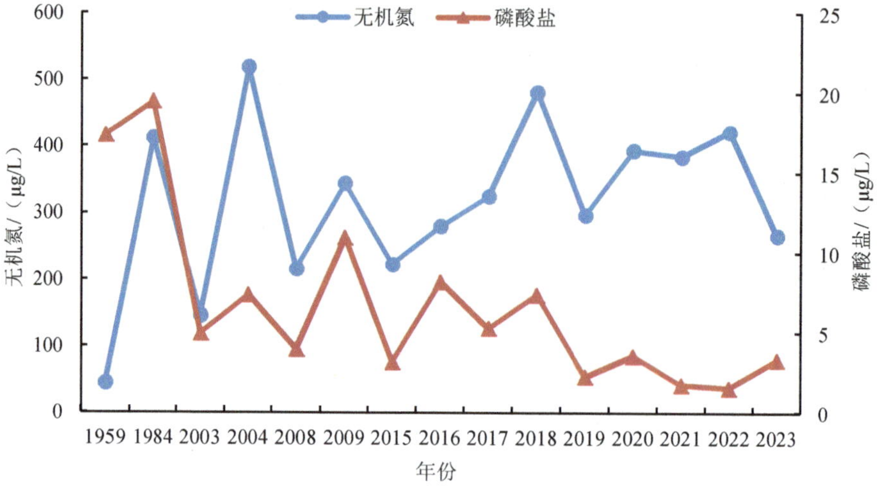

图 2-12 历年来 8 月无机氮及磷酸盐变化趋势

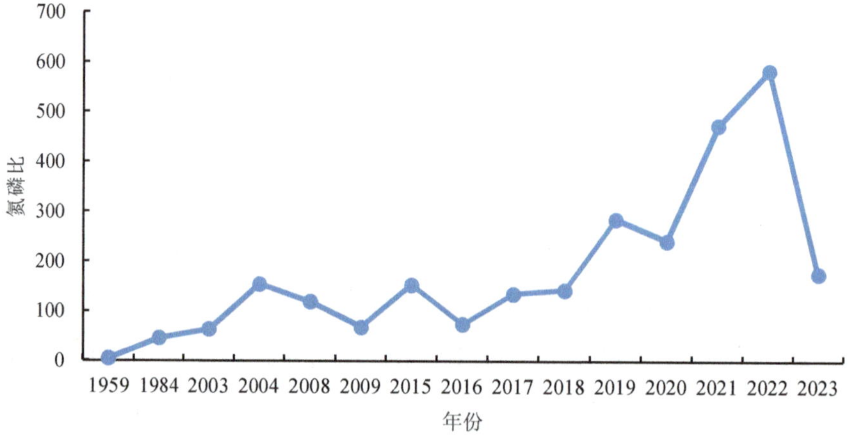

图 2-13 历年来 8 月氮磷比变化趋势

2.4 沉积环境

沉积物是水生态系统的重要组成部分，为重金属、有机污染物和营养物的重要储存库，也是底栖生物的重要栖息地。沉积物营养盐对上覆水的“汇—源”效应影响整个水体的物质循环（Søndergaard et al.，2003；张华俊等，2012）。黄河口海域潮间带沉积物的历史调查数据并不多，且零散地分布于不同的文献中。本书收集了 1984 年以来在国内公开发表的黄河口潮间带沉积物相关参数，并汇总于表 2-3。其中，罗先香等于 2011 年发表于《生态环境学报》的《黄河口潮间带表层沉积物重金属和营养元素的分布特征》一文所报道的数据最具参考价值，其调查站位如图 2-14 所示。但即便如此，其调查参数也未完全覆盖本次调查的参数。因此，本书综合了多种来源的调查数据，以期对黄河口潮滩沉积物的历史调查数据有一个较全面的认识。

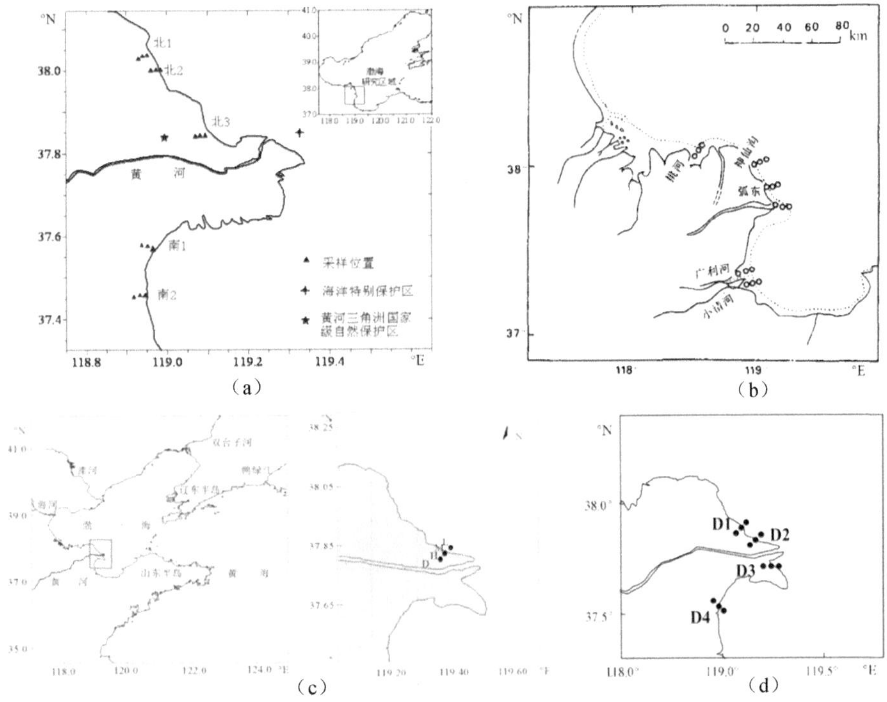

图 2-14 部分文献黄河口潮间带调查站位分布示意图

注：（a）来源于罗先香等（2011）；（b）来源于范典高（1990）；（c）来源于王凯等（2016）；（d）来源于戴群英等（2017）。

表 2-3 潮间带沉积物历史数据

调查海域		调查时间	总磷/（μg/g）	总氮/（μg/g）	重金属及类金属/（μg/g）							硫化物/（μg/g）	粒度/%				总有机碳/%	数据来源
					Cr	Cu	Zn	As	Cd	Pb	Hg		<4 μm 黏土	4～63 μm 粉砂	>63 μm 砂质	中值粒径/μm		
黄河口		2010 年	459.5～794.7（585.5）	135.0～240.1（178.2）	—	15.30～35.11（26.11）	34.86～46.77（41.25）	6.00～12.69（8.60）	0.061～0.100（0.075）	22.78～38.20（29.09）	0.003～0.36（0.060）	5.72～165.8	17～26	55～77	1～30	11～38	0.11～0.72（0.31）	罗先香等（2011）
北起漳卫新河口，南至胶莱河口		1984 年	—	—	—	—	—	—	—	—	—	—	—	—	—	—	0.02～2.28（1.15）	范典高（1990）
黄河口	挑河口	1989 年	—	—	38.5	9.67	502	—	0.84	7.11	—	—	—	—	—	—	—	黄华瑞等（1992）
	神仙沟		—	—	42.5	14.3	403	—	1.03	7.4	—	—	—	—	—	—	—	
	孤东油田		—	—	45.4	16.6	596	—	0.98	8.45	—	—	—	—	—	—	—	
	黄河口		—	—	43.9	11.8	472	—	0.94	8.58	—	—	—	—	—	—	—	
	广利河口		—	—	38.8	6.77	57.8	—	1.12	6.9	—	—	—	—	—	—	—	
	小清河口		—	—	23.3	3.85	37.2	—	0.96	7.5	—	—	—	—	—	—	—	
	高潮带	2012 年	410.00	150.0	—	—	—	—	—	—	—	—	—	—	—	42.5	0.22	王凯等（2016）
	中潮带		370.00	170.0	—	—	—	—	—	—	—	—	—	—	—	35	0.21	
	低潮带		330.00	170.0	—	—	—	—	—	—	—	—	—	—	—	38.3	0.19	

调查海域		调查时间	总磷/（μg/g）	总氮/（μg/g）	重金属及类金属/（μg/g）							硫化物/（μg/g）	粒度/%				总有机碳/%	数据来源
					Cr	Cu	Zn	As	Cd	Pb	Hg		<4 μm 黏土	4～63 μm 粉砂	>63 μm 砂质	中值粒径/μm		
黄河口	—	2012 年 11 月	—	—	—	—	—	—	—	—	—	—	—	—	—	—	0.23	戴群英等（2017）
		2012 年 8 月	—	—	—	—	—	—	—	—	—	—	—	—	—	—	0.19	
		2012 年 5 月	—	—	—	—	—	—	—	—	—	—	—	—	—	—	0.19	
		2013 年 3 月	—	—	—	—	—	—	—	—	—	—	—	—	—	—	0.15	
		2014 年干季	511	1	—	—	—	—	—	—	—	—	11.84	66.18	21.97	34	0.3～0.4	陈杰（2021）
		2014 年湿季	471	241	—	—	—	—	—	—	—	—						

本次黄河口潮下带海洋沉积物调查结果表明（表 2-4），黄河口潮下带海域各站位沉积物中有机碳、硫化物、铜、铅、锌、铬、镉、砷、总汞及石油类检测均符合一类海洋沉积物质量标准，综合质量等级为优。2019—2023 年，黄河口潮下带沉积物质量保持稳定，等级均为优，质量等级均符合海洋沉积物质量一类标准。

表 2-4　5 月及 8 月黄河口潮下带沉积物指标站位达标情况

沉积物指标	等级优站位数/个	等级优站位比例/%
有机碳	20	100
硫化物	20	100
铜	20	100
铅	20	100
锌	20	100
铬	20	100
镉	20	100
砷	20	100
总汞	20	100
石油类	20	100

黄河口潮下带调查海域沉积物中粉砂含量最高，季节性变化不大，夏季比秋季黏土含量降低，砂、粉砂增加，2019—2023 年黄河口潮下带调查海域沉积物砂含量总体降低，黏土含量明显升高。有机碳的含量夏季高于春季，2019—2023 年调查海域沉积物有机碳平均含量为 0.35%，除 2022 年外，年际变化上呈现逐渐升高的趋势。硫化物的含量夏季（42.5 mg/kg）高于春季（19.0 mg/kg），整体呈现河口南侧高于北侧的分布趋势，2019—2023 年，调查海域沉积物硫化物平均含量为

27.4 mg/kg，除 2022 年外，整体呈现逐年升高的趋势。沉积物中总氮、总磷季节性变化不大，高值区为港口附近及受黄河入海直接影响的海域。

对黄河口潮间带表层沉积物中硫化物、有机碳、石油类、重金属及类金属（铜、锌、铬、汞、镉、铅、砷）进行一般污染物指标评价（表 2-5 和表 2-6）。其中，7 月黄河口潮间带表层沉积物中各类污染物的质量指数均小于 1，表明该季节沉积物质量符合海洋沉积物质量一类标准；在 9 月，有 2 个调查站位（4%的调查站位）沉积物总汞含量超过国家海洋沉积物质量的一类标准，其他监测污染物的质量指数均小于 1，表明绝大多数沉积物质量指标仍符合国家海洋沉积物质量一类标准，但在该区域需要关注汞污染风险，避免含汞废物的排放。

表 2-5　7 月黄河口潮间带沉积物指标站位达标情况

沉积物指标	等级优站位数/个	等级优站位比例/%
有机碳	48	100
硫化物	48	100
铜	48	100
铅	48	100
锌	48	100
铬	48	100
镉	48	100
砷	48	100
总汞	48	100
石油类	48	100

表 2-6 9 月黄河口潮间带沉积物指标站位达标情况

沉积物指标	等级优站位数/个	等级优站位比例/%
有机碳	48	100
硫化物	48	100
铜	48	100
铅	48	100
锌	48	100
铬	48	100
镉	48	100
砷	48	100
总汞	46	96
石油类	48	100

黄河口潮间带沉积物以沙质粉沙为主，7 月、9 月变化不大，但相较于 2010 年、2012 年和 2014 年的调查结果，沉积物粒度有变大的趋势。表层沉积物 pH 在 7 月平均为 8.41、9 月为 8.80，总体上沉积物呈弱碱性。沉积物中的总氮在 7 月的平均含量为 220.8 μg/g、9 月的平均含量为 387.1 μg/g，9 月明显高于 7 月，与历史调查数据（表 2-3）相比，沉积物中总氮含量显著提高，表明调查海域在近年来接受了较大的陆源氮的输入，今后应当注意控制陆源氮输入。沉积物中的总磷在 7 月的平均含量为 255.03 μg/g、9 月的平均含量为 346.0 μg/g，9 月明显高于 7 月，与历史调查数据相比，沉积物中总磷在 7 月的含量偏低，但 9 月的含量基本一致。因此，可以针对性地调整该区域的陆源磷输入管控策略。

3 湿地植被多样性研究

从20世纪50年代就开始进行黄河口湿地植被研究，但多为局部描述性研究，20世纪80年代中期到21世纪初，相关研究开始逐步扩大范围。根据王仁卿（2022）在《黄河三角洲湿地植被及其多样性》中的描述，黄河三角洲的自然植被主要包括草甸、灌丛、水生植被和沼泽植被4个类型，植被区系特征简单，多草本、盐生植物，植被类型和结构也简单，以盐地碱蓬、獐毛和芦苇为建群种的盐生草甸植被最为广泛和普遍，灌丛以柽柳群落最为普遍。

2023年湿地植被调查共发现有8科19属21种，以草本植被为主（图3-1），灌木植被较单一，仅有柽柳一种。草本植被中芦苇、盐地碱蓬、长裂苦苣菜为主要优势种，其中以芦苇分布最广，分布频率为79%（图3-2）。与2021年《黄河三角洲生态监测公报》调查的优势种（主要为芦苇、碱蓬、盐地碱蓬）以及侯冠群等（2022）调查的优势种（白茅、芦苇、柽柳、碱茅、茵陈蒿、鸦葱、碱蓬、苣荬菜、赤碱蓬、荻、狗牙根）相比，本次调查中，芦苇、盐地碱蓬、荻、白茅、长裂苦苣菜、鹅绒藤、罗布麻、狗尾巴草、茵陈蒿、碱菀等皆在不同站位成为优势种，植被物种多样性有所提升。

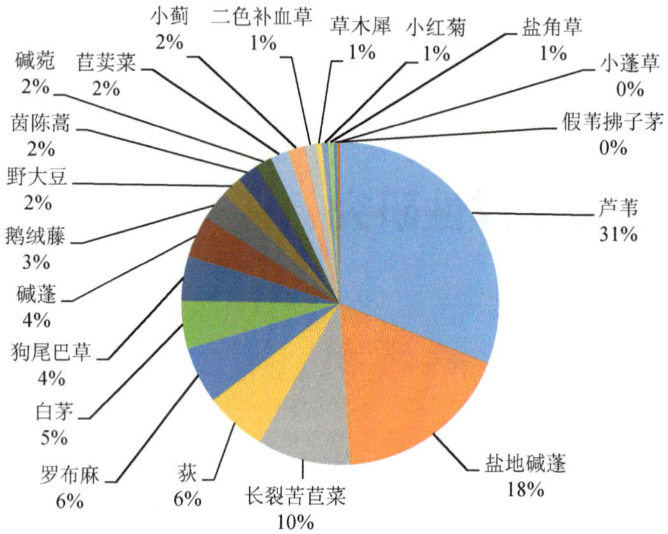

图 3-1 2023 年调查区域草本植被种类组成

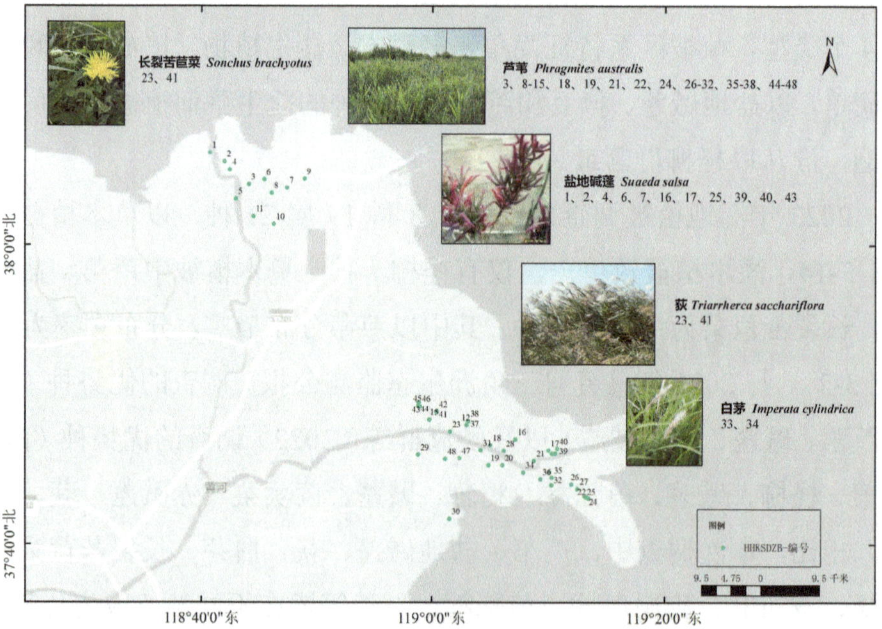

图 3-2 2023 年调查区域草本植被主要优势种

2023 年调查的草本植被种群密度在 4～1 608 株/m^2，均值为 60.57 株/m^2；草本植被的生物量在 4～537 g/m^2，平均生物量为 79.02 g/m^2；灌木植被的种群密度在 0.25～4 株/m^2，均值为 1.16 株/m^2。植被分布差异明显，各调查站位生物量、密度差异较大，与调查站位底质环境及人为干扰相关（图 3-3 和图 3-4）。通过搜集历史资料得知，2021 年《黄河三角洲生态监测公报》中显示黄河三角洲地区平均生物量为 408.71 g/m^2，是此次调查生物量的 5 倍，这可能是因为本次调查区域较广、植被群落分布不均一。

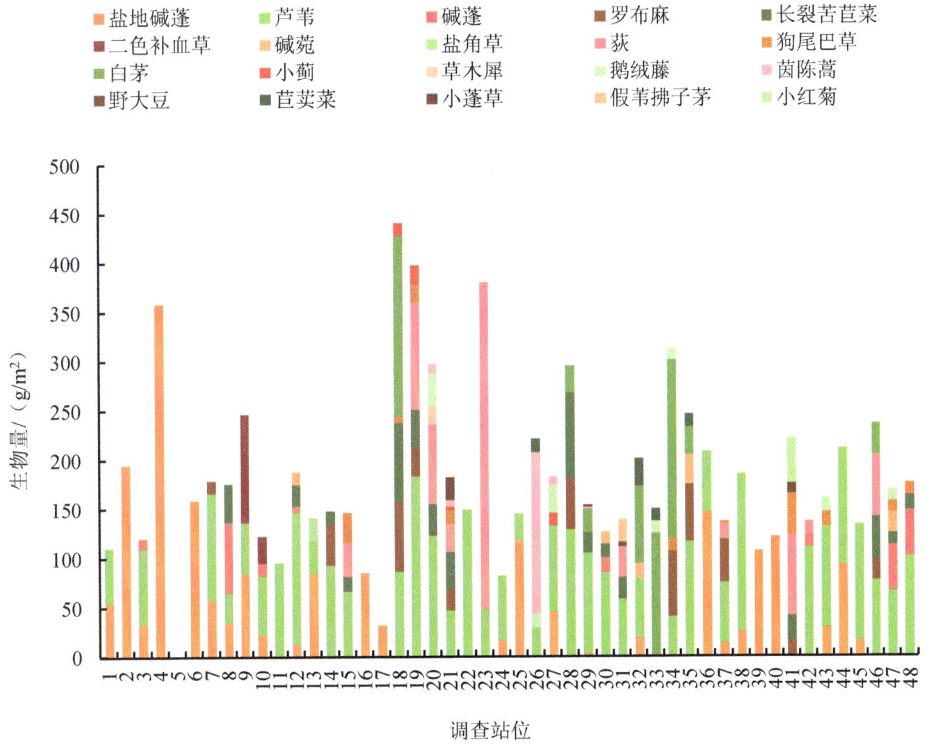

图 3-3 草本植被生物量分布

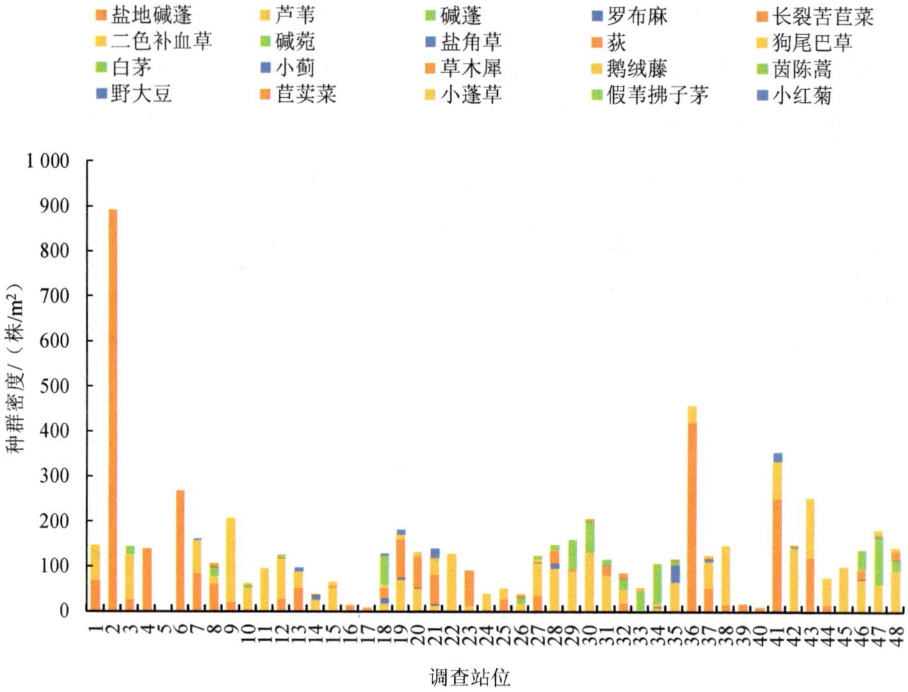

图 3-4　草本植被密度分布

4 浮游生物多样性研究

4.1 浮游植物

浮游植物是海洋生态系统中重要的生产者，是食物链的基础环节，在海洋生态系统物质循环和能量转化过程中起着重要作用，为海洋中的生命活动提供了能量。

2023 年黄河口春季共采集浮游植物 31 种。其中，硅藻门 28 种，占比 90.3%；甲藻门 2 种；绿藻门 1 种（图 4-1）。浮游植物密度平均值为 46.44 万个/m^3。优势种主要为斯氏几内亚藻和夜光藻（甲藻门），各站位生物多样性指数平均值为 1.36。夏季共采集浮游植物 57 种。其中，硅藻门 51 种，占比 89.5%；甲藻门 5 种；金藻门 1 种（图 4-2）。浮游植物密度平均值为 1 120.52 万个/m^3。优势种主要为尖刺伪菱形藻和中肋骨条藻，各站位生物多样性指数平均值为 2.58。春季种类数及多样性指数偏低（图 4-3）；夏季多样性较为丰富，且近年来处于上升趋势（图 4-4）。近年来，浮游植物密度总体呈升高趋势（图 4-5），分析显示无机氮含量与硅藻优势种（中肋骨条藻）密度呈显著正相关，无机氮含量逐年升高可能是造成浮游植物密度逐年升高的主要原因。

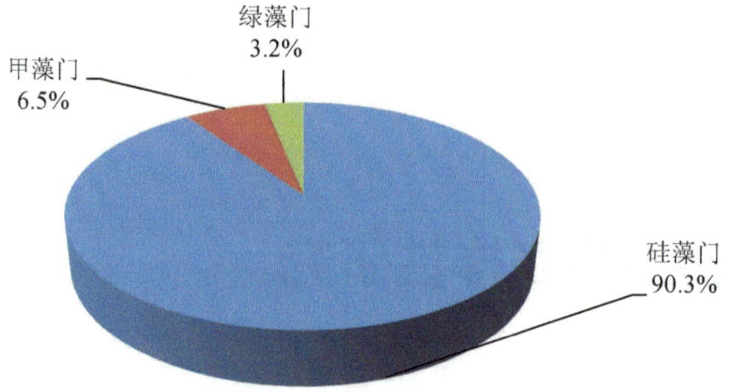

图 4-1 春季浮游植物物种组成

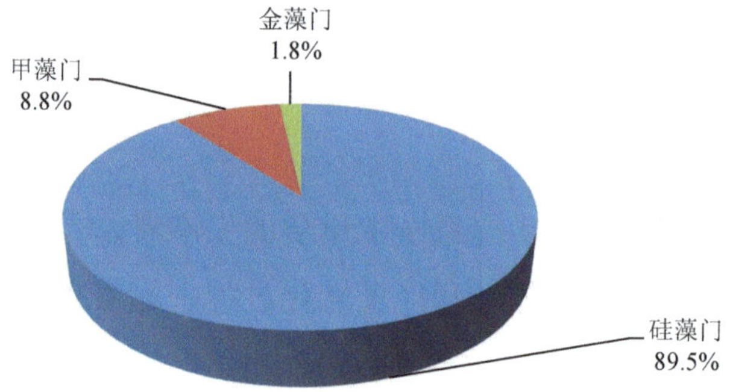

图 4-2 夏季浮游植物物种组成

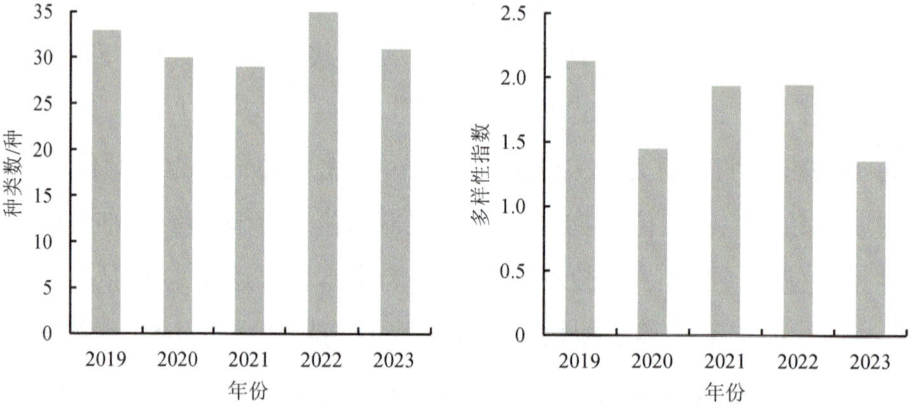

图 4-3 春季浮游植物种类数及多样性指数变化情况

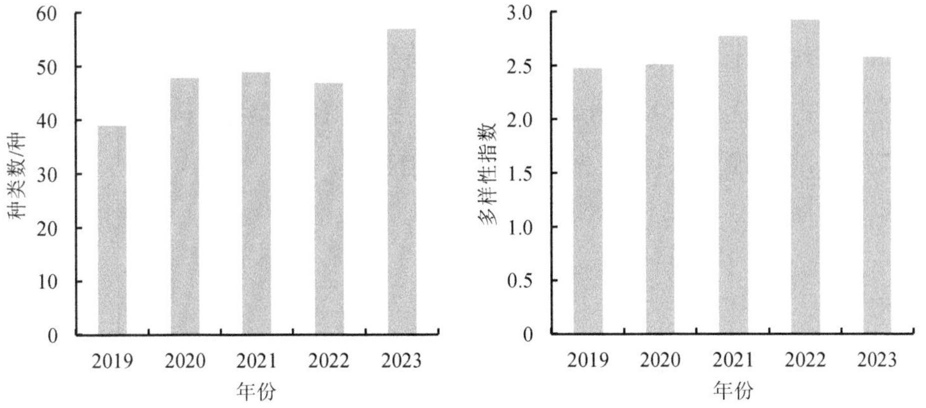

图 4-4 夏季浮游植物种类数及多样性指数变化情况

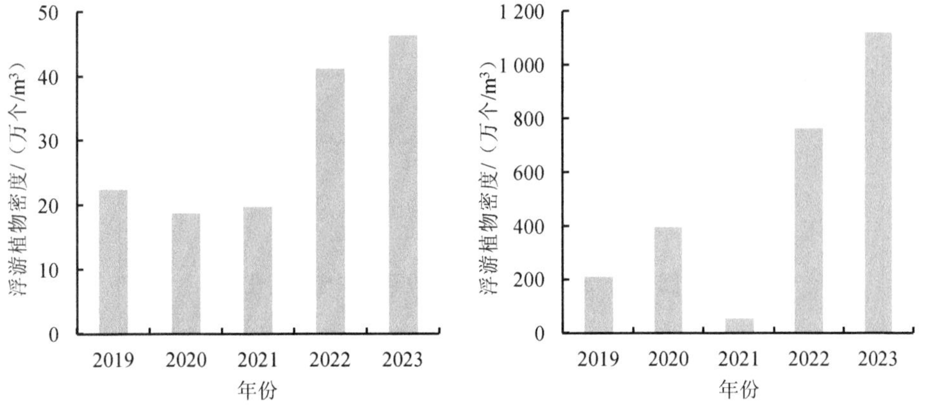

图 4-5 浮游植物密度变化情况（左春季，右夏季）

春季航次，2019—2023 年硅/甲藻丰度比整体呈下降趋势（图 4-6），尤其是 2020 年之后，每年春季航次夜光藻的大量出现导致硅/甲藻丰度比大幅下降，增加了夜光藻赤潮发生风险。夏季航次，除 2021 年外，2019—2023 年硅/甲藻丰度比整体呈上升趋势。浮游植物整体群落结构较为稳定，硅藻群落呈现小型化趋势，2023 年 8 月航次出现高密度的尖刺伪菱形藻和旋链角毛藻，导致硅/甲藻丰度比呈大幅上升趋势。从较长时间尺度来看，1960—2010 年，群落由硅藻占优势转变为硅藻和甲藻共同占据优势（Xin et al.，2019），浮游植物群落结构发生改变，增加了发生藻华现象（如夜光藻赤潮）的风险。

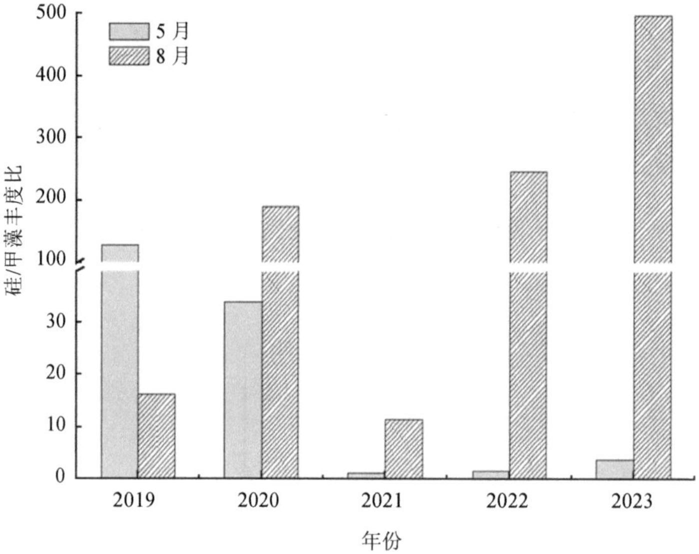

图 4-6　2019—2023 年硅/甲藻丰度比变化

海洋变暖与富营养化共同导致了浮游植物群落的演变。研究报道海洋物理、化学性质的变化严重影响了浮游植物的细胞大小、群落组成和丰度（Rabalais et al.，1996；Anderson et al.，2002；Liu et al.，2013），其中一个显著的变化表现为近海浮游植物群落由硅藻到非硅藻的演变，以及在这个变化过程中有害藻华的增多（Anderson et al.，2002；Xiao et al.，2018；Glibert，2020）。渤海是半封闭内海，受人类影响巨大。自 1970 年以来，化肥使用量和各类废水排放量的增加，给渤海带来氮、磷负荷的增加，1960—2010 年，渤海的无机氮含量增加了约 7 倍，与无机氮相反，水坝建设导致水、沙入海量大幅降低，无机磷、硅酸盐（DSi）平均浓度降低，主要营养盐限制因子从无机氮转变为无机磷或硅酸盐（Xin et al.，2019）。此外，研究表明，1970—2015年中国近海水域有害藻华的发生频率与海洋变暖显著相关（Xiao et al.，2019）。近年来，在全球气温上升的大背景下，黄河口附近海域夏季硅/甲藻丰度比整体呈上升趋势的主要原因可能是近岸海水富营养化程度下降，这与调水调沙及减少污染物排放密切相关。

4.2 浮游动物

在河口生态系统中，浮游动物是重要的生境变化指示生物，其种类组成及群落结构特征与水文、径流量、营养盐等环境因子密切相关（王文杰等，2013；王晓东，2017；Yuan et al.，2020；王秀霞等，2022）。同时，浮游动物通过捕食作用控制浮游植物的数量，又作为鱼类等高层营养者的饵料，其数量变化可以直接影响鱼类等的资源量，在海洋生态系统的结构和功能中起着重要的调控作用（王胜男等，2012）。

2023年黄河口春季共采集浮游动物30种，桡足类占比56.1%（图4-7）；生物密度平均值为165.8个/m^3，生物量平均值为223.5 mg/m^3；优势种主要为中华哲水蚤和强壮滨箭虫，各站位生物多样性指数平均值为1.73。夏季共采集浮游动物53种，栉板动物门占比45.5%（图4-8）；生物密度平均值为273.6个/m^3，生物量平均值为685.2 mg/m^3；优势种主要为球形侧腕水母和锡兰和平水母，各站位生物多样性指数平均值为2.14。

2019—2023年，春季浮游动物种类数和多样性指数整体较为稳定（图4-9），夏季浮游动物种类数和多样性指数整体呈缓慢上升趋势

（图 4-10）。浮游动物密度和生物量春季和夏季总体上均呈升高趋势（图 4-11 和图 4-12），和浮游植物变化趋势基本一致。从食物链角度来看，浮游植物密度升高，为浮游动物提供了充足的饵料，使浮游动物呈现上升的趋势。

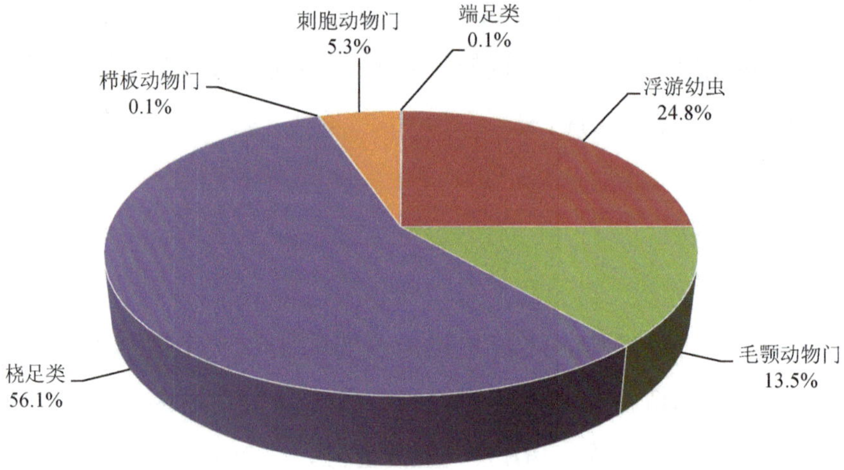

图 4-7　春季浮游动物物种组成

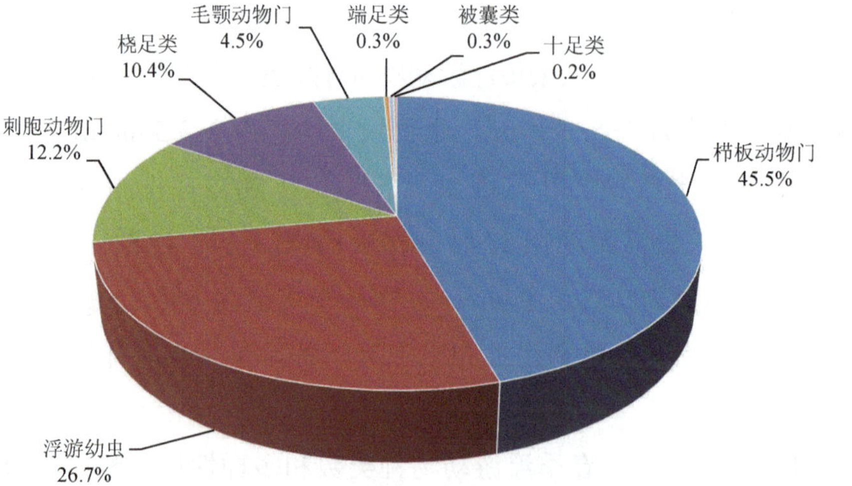

图 4-8　夏季浮游动物物种组成

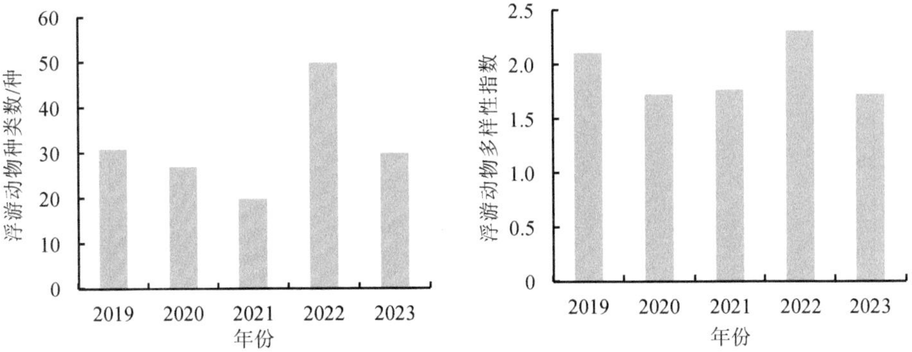

图 4-9 春季浮游动物种类数（左）及多样性指数（右）变化情况

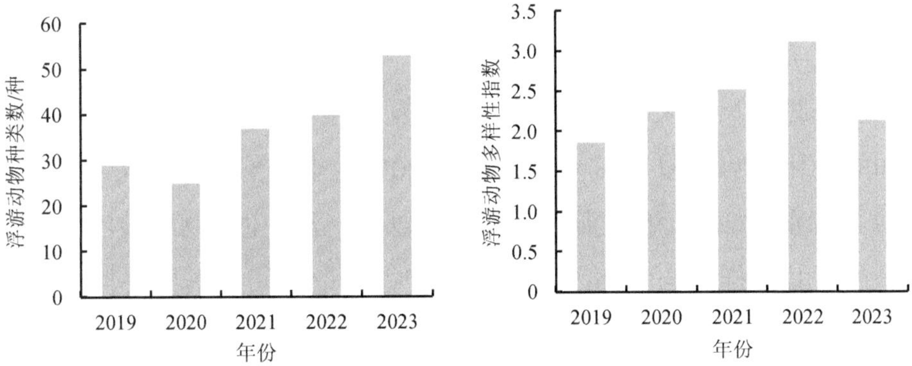

图 4-10 夏季浮游动物种类数（左）及多样性指数（右）变化情况

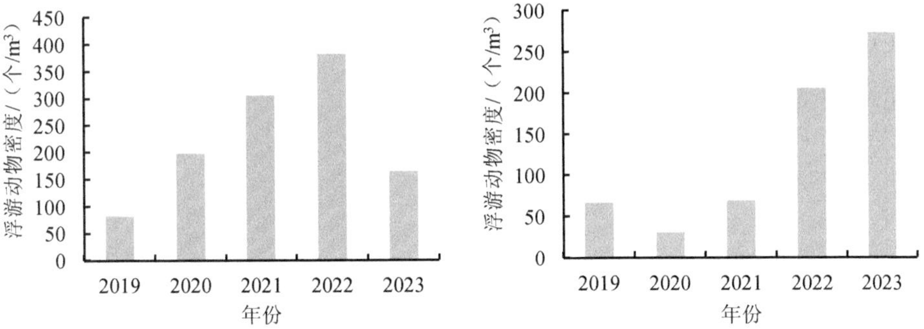

图 4-11 浮游动物密度变化情况（左春季，右夏季）

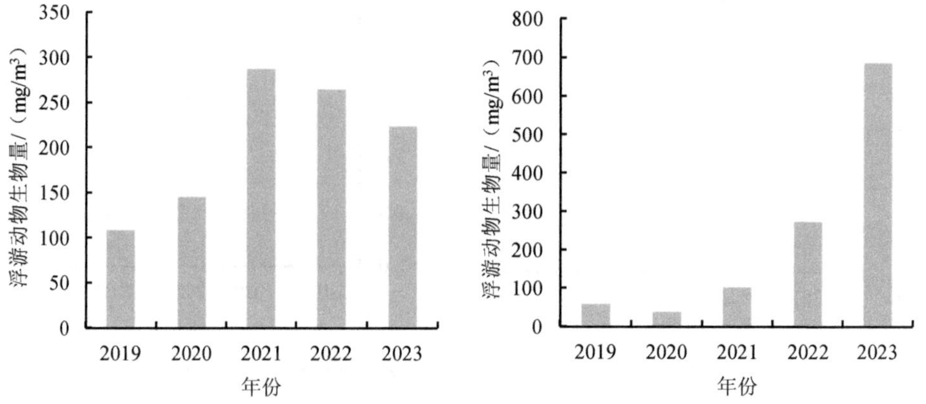

图 4-12 浮游动物生物量变化情况（左春季，右夏季）

从长时间尺度来看，2007 年以来夏季浮游动物种类数呈先减少后增加的变化趋势（图 4-13）（马静等，2012；李浩然等，2018；张翔等，2022），特别是 2018 年污染防治攻坚战以来，浮游生物物种数明显增加，这是由于其多样性与黄河入海输沙量和径流量之间呈正相关（张翔等，2022）。2018 年以来黄河入海径流量与往年相比显著增加。研究表明，短期内大量淡水、泥沙等急剧增加使黄河口海域生态环境发生改变，浮游动物优势种由广温广盐种转变为近岸低盐暖温种（王秀霞等，2022）。此外，大量淡水除引起海水温度上升外，其挟带的营养盐尤其是无机氮会促进近岸海水富营养化程度的上升，浮游动物多样性指数呈现由内向外递增的变化趋势（董志军等，2017）。

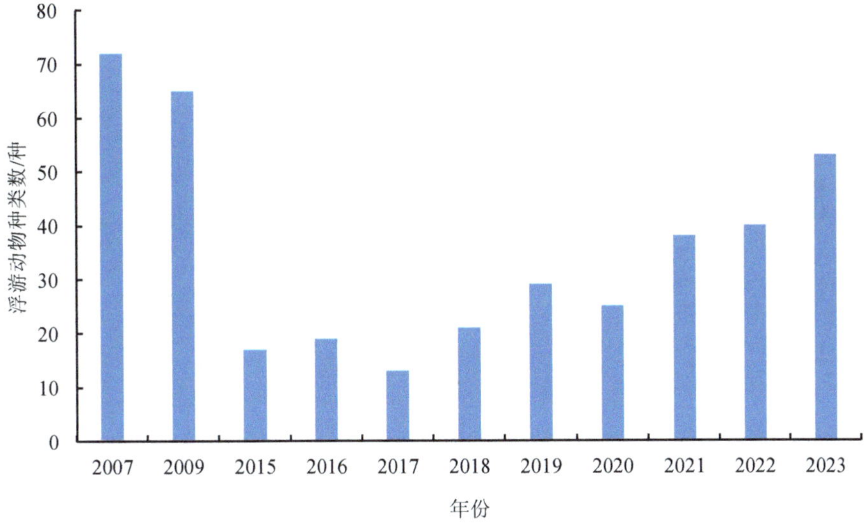

图 4-13 夏季浮游动物种类数变化情况

5 底栖动物多样性研究

底栖动物是生态系统的重要组成部分，是海洋生态系统物质循环和能量流动积极的参与者，通过生物沉降和生物扰动对生物地球化学循环过程的贡献十分显著。大型底栖动物种类众多，不仅包括许多经济型贝类和甲壳动物，而且是许多鱼类和鸟类重要的食物来源。在受到环境变化和人类活动干扰的影响下，底栖动物的物种组成及群落结构变化很大，因此常作为生态系统健康状况及海洋污染情况的长周期生物指示种（Rees et al.，1991）。

5.1 潮下带底栖动物

黄河口潮下带春季共采集到大型底栖动物 98 种，软体动物和环节动物占比最高（图 5-1），生物密度平均值为 1 541 个/m^2，生物量平均值为 47.0 g/m^2（图 5-2）；优势种为光滑河蓝蛤、寡节甘吻沙蚕、棘刺锚参 3 种，各站位生物多样性指数平均值为 2.97。夏季共采集到大型底栖动物 109 种，其中软体动物、环节动物和节肢动物占比较高（图 5-3），生物密度平均值为 503 个/m^2，生物量平均值为 12.7 g/m^2（图 5-4）；优势种为棘刺锚参、寡节甘吻沙蚕、凸壳肌蛤、扁玉螺 4 种，各站位生物多样性指数平均值为 3.65（图 5-5）。总体来说，黄河口邻近海域物种数及生物多样性水平较高，密度以软体动物、环节动物及节肢动物较高，5 月大型底栖生物密度高于 8 月。生物密度空间分布上存在明显的季节差异，5 月黄河口潮下带南部海域大型底栖生物密度较大，东南部及北部海域生物密度较小；8 月黄河口潮下带南部和北部海域大型底栖生物密度较大，中部海域生物密度较小。黄河口潮下带海域大型底栖动物优势种以棘刺锚参最为稳定。

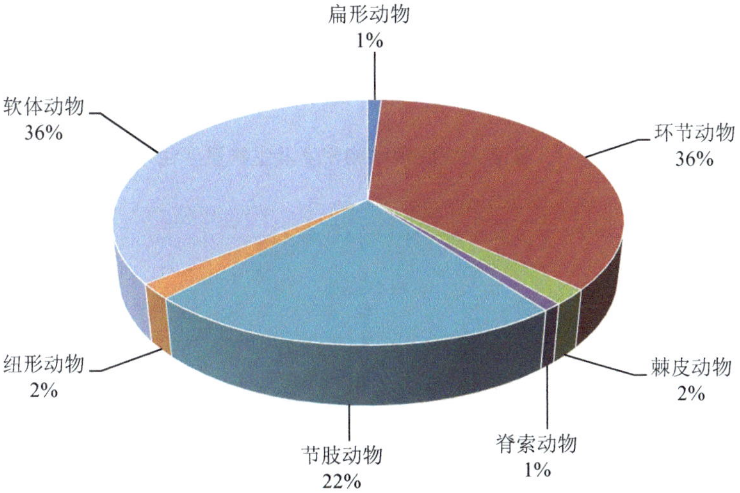

图 5-1　春季大型底栖动物物种组成

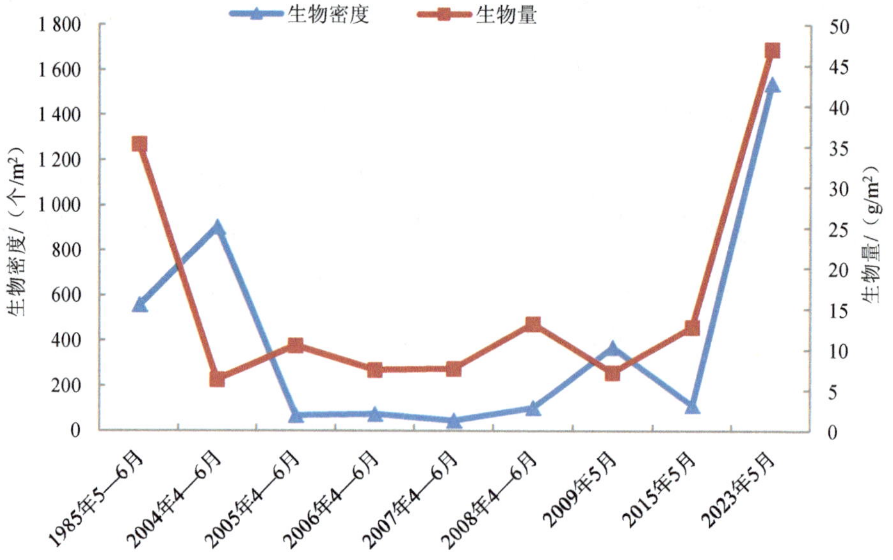

图 5-2 春季大型底栖动物密度及生物量变化情况

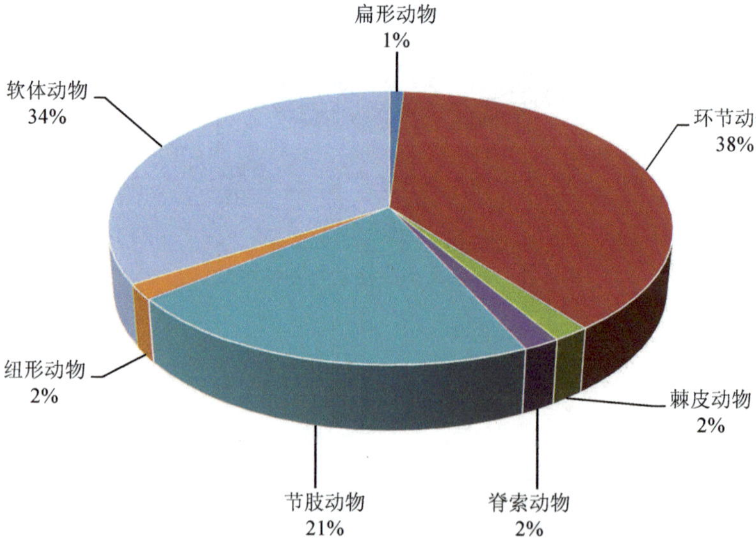

图 5-3 夏季大型底栖动物物种组成

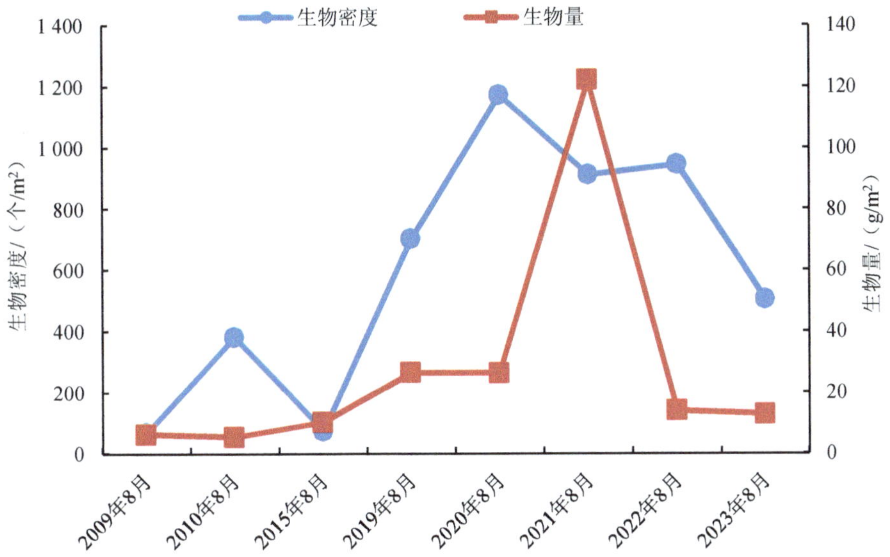

图 5-4 夏季大型底栖动物密度及生物量变化情况

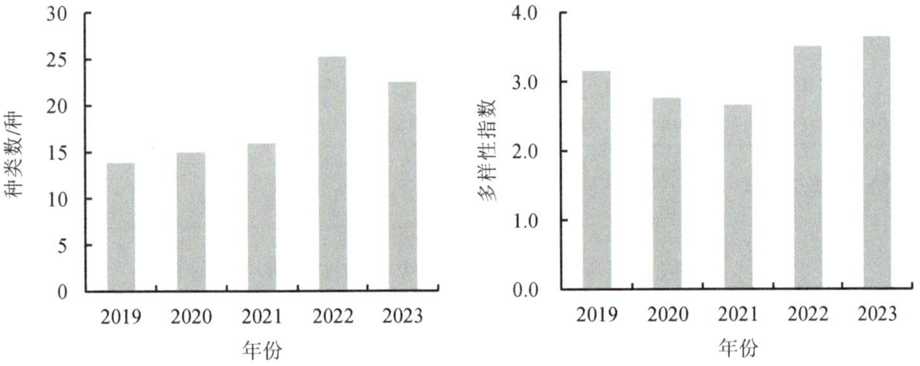

图 5-5 夏季各站位大型底栖动物平均种类数及多样性指数变化情况

从长周期变化来看，生物量、生物密度以及优势种都发生了巨大变化（图 5-2、图 5-4 和表 5-1）。1985 年春季在黄河口邻近海域 27 个站位调查研究共发现大型底栖动物 150 种，平均生物量为 35.28 g/m^2，平均生物密度为 557 个/m^2，物种较为丰富，生物量及生物密度较高（张志南等，1990）。2004—2009 年春季在黄河口海域调查发现该时期生物量及生物密度处于较低水平，优势种历年变化较大（冷宇等，2013）。2009 年（田静，2012）和 2015 年（王志忠等，2017）调查生物量及生物密度，结果发现两者同样处于较低水平。2019 年开始，黄河口邻近海域生物量及密度总体呈现上升趋势，且近年物种数及生物多样性指数处于上升趋势，群落稳定性较好。在优势种方面，自 1996 年开始，优势种从经济价值较高的大型软体动物、甲壳动物及鱼类逐渐转变为小型甲壳动物和小型软体动物，优势种出现小型化和低值化趋势（高六礼等，1999；张旭等，2010；田静，2012；李宝泉等，2020）。

表 5-1　黄河口邻岸海域大型底栖动物优势种的年际变动

调查时间	物种	参考文献
1996 年 2 月；1996 年 5 月；1996 年 8 月；1996 年 11 月	毛蚶、小刀蛏、纵肋织纹螺、脊尾白虾、葛氏长臂虾、口虾蛄、绒毛细足蟹、三疣梭子蟹、矛尾虾虎鱼、棘头梅童鱼、短吻舌鳎	高六礼等（1999）
2007 年 5 月	口虾蛄、红带织纹螺、纵肋织纹螺、六丝钝尾虾虎鱼	张旭等（2010）
2009 年 5 月；2009 年 8 月；2010 年 5 月；2010 年 8 月	紫壳阿文蛤、棘刺锚参、纵沟纽虫、寡节甘吻沙蚕、不倒翁虫、尾钩虾	田静（2012）
2017 年 5 月	寄居蟹、豆形拳蟹、脊尾白虾、中国蛤蜊、纵肋织纹螺、葛氏长臂虾、日本鲟、扁玉螺、矛尾虾虎鱼	李宝泉等（2020）
2023 年 5 月；2023 年 8 月	棘刺锚参、寡节甘吻沙蚕、凸壳肌蛤、扁玉螺、光滑河蓝蛤	本次调查

5.2 潮间带底栖动物

潮间带7月共采集到大型底栖动物49种，软体动物占比最大(图5-6)，生物密度平均值为722.83个/m²，生物量平均值为71.21 g/m²；优势种主要为光滑河蓝蛤、泥螺等；各站位生物多样性指数平均值为0.880。9月共采集到大型底栖动物46种，软体动物占比最大（图5-7），生物密度平均值为324.92个/m²，生物量平均值为46.66 g/m²；优势种主要为光滑河蓝蛤、彩虹明樱蛤等；各站位生物多样性指数平均值为0.90。物种组成存在一定的季节波动，并且各调查断面物种不相同，具有明显的地理差异，但软体动物和甲壳动物始终为优势类群。

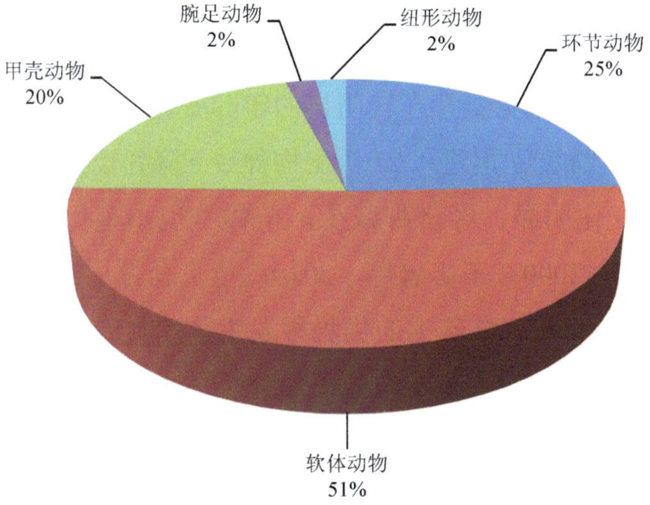

图5-6 夏季大型底栖动物物种组成

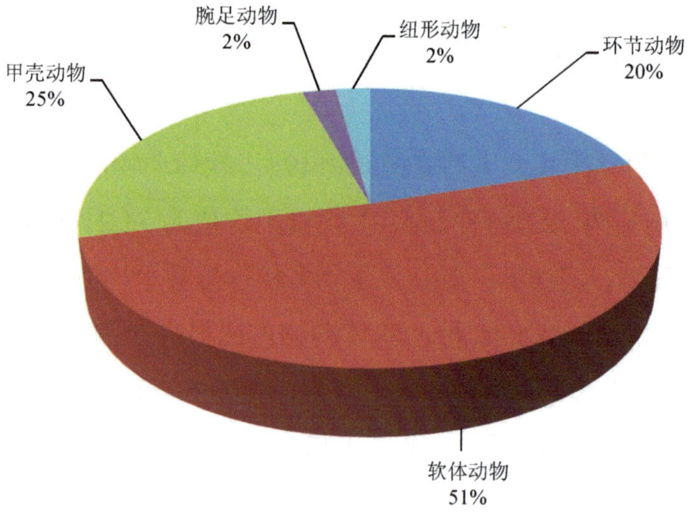

图 5-7 秋季大型底栖动物物种组成

20 世纪 90 年代以来，黄河三角洲潮间带大型底栖动物的物种数、生物密度（丰度）及生物量存在较明显的年际变化，物种丰度呈上升趋势，物种数 90 年代较高，但进入 21 世纪物种数下降并较为稳定（图 5-8）；底栖动物物种变化明显，经济种减少，个体呈现小型化变化趋势（表 5-2）（蔡学军等，2000；王志忠等，2010；董贯仓等，2012；刘志杰，2013；李玄等，2020）。群落中的优势种发生了明显变化，具体表现为个体较小的多毛类、双壳类逐步取代了原先个体大且经济价值高的甲壳动物和软体动物（李宝泉等，2020）。20 世纪 90 年代，物种数较高，群落中个体较大的甲壳动物和软体动物占优势地位，环节动物多毛类物种数较前两者少（蔡学军等，2000）；2005—2010 年，总物种数减少，环节动物多毛类物种数上升（郑莉，2007；王志忠等，2010；董贯仓等，2012；刘志杰，2013）；2016 年后，群落总种数趋于稳定，并有增加的态势（李宝泉等，2020）。

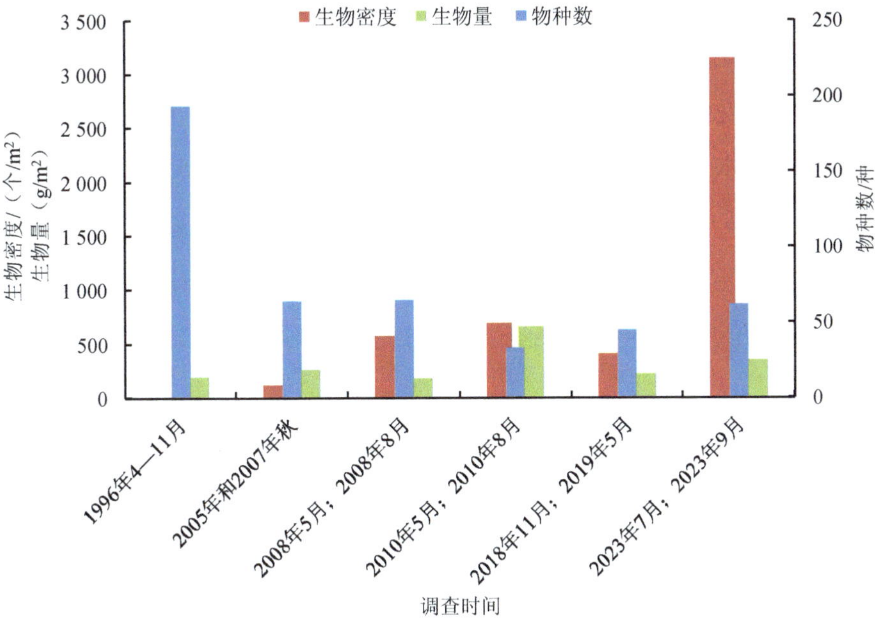

图 5-8 潮间带大型底栖动物物种数、生物密度及生物量变化情况

表 5-2 黄河口潮间带大型底栖动物主要物种的年际变动

调查时间	物种	参考文献
1996 年 4—11 月	文蛤、缢蛏、四角蛤蜊、光滑河蓝蛤、彩虹明樱蛤、托氏蜎螺、日本大眼蟹、天津厚蟹、豆形拳蟹、双齿围沙蚕、日本刺沙蚕、齿吻沙蚕属	蔡学军等（2000）
2008 年 5 月；2008 年 8 月	四角蛤蜊、泥螺、双齿围沙蚕、彩虹明樱蛤、天津厚蟹、青蛤、豆形拳蟹、光滑河蓝蛤、托氏蜎螺、短文蛤	王志忠等（2010）
2017 年 5 月；2017 年 8 月	日本刺沙蚕、光滑河蓝蛤、彩虹明樱蛤、丝异蚓虫、薄荚蛏、朝鲜刺糠虾、弹涂鱼、秉氏泥蟹、浅古铜吻沙蚕	李宝泉等（2020）
2018 年 11 月；2019 年 5 月	短滨螺、托氏蜎螺、古氏滩栖螺、秀丽织纹螺、长牡蛎、拟沼螺、四角蛤蜊、锈凹螺、泥螺、日本菊花螺、薄壳绿螂、拟滨螺	李玄等（2020）
2023 年 7 月；2023 年 9 月	光滑河蓝蛤、彩虹明樱蛤、日本大眼蟹、伍氏拟厚蟹、双齿围沙蚕、泥螺、古氏滩栖螺、托氏蜎螺、秀丽织纹螺	本次调查

黄河三角洲潮间带和近岸浅海大型底栖动物物种组成和优势种都发生了相同变化，推测主要驱动力为黄河淡水输入量与输沙量的减少、人类活动和互花米草入侵（李宝泉等，2020）。黄河淡水输入量和输沙量的减少使海水盐度和沉积物粒径发生变化，直接影响底栖动物的生存环境。人类活动包括堤坝建设、过度捕捞等均会导致生物群落结构发生变化，群落稳定性降低，物种多样性下降。此外，互花米草的入侵侵占了底栖动物的生态位，改变了底栖动物的生存环境，影响了物种的群落组成。

6 游泳动物多样性研究

6.1 鱼卵和仔稚鱼

鱼类早期资源是指处于早期生活史阶段的鱼类资源，即鱼卵、仔稚鱼。鱼卵由于尚未孵化，不具备自主游动的能力，通常不被归类为游泳动物，而仔稚鱼具备一定的游泳能力，可以被认为是游泳动物的一部分。但是，在实际的生态学研究或渔业资源评估中，可能会根据研究的具体目的，对其进行不同的分类处理。通常在评估一个水域的鱼类资源时，可能会将鱼卵和仔稚鱼也考虑在内，因为它们最终都会成长为成鱼，并对生态系统产生影响。因此本书将鱼卵和仔稚鱼归类到游泳动物多样性研究当中进行讨论，以期更加全面地评估黄河口现阶段海洋渔业资源状况。

鱼卵、仔稚鱼在海洋食物链中是重要的被捕食者，而仔稚鱼又是次级生产力的消费者，其种类组成和数量与渔业资源状况紧密相关，二者在海洋生态系统中扮演着重要角色。黄河入海径流所挟带的丰富营养盐和有机质等维持了黄河口及邻近海域较高水平的初级生产力和饵料生物多样性，使其成为多种鱼类的产卵场、索饵场和育肥场，对鱼类种群的繁衍生息具有十分重要的意义（金显仕等，2000；张旭，2009）。

2023 年黄河口潮下带春季共出现鱼卵种类 8 种，为斑鰶、鳀、小黄鱼、白姑鱼、赤鼻棱鳀、多鳞鱚、小带鱼和长蛇鲻（图 6-1）；仔稚鱼种类 3 种，为鮻、布氏银汉鱼和虾虎鱼（图 6-2）；鱼卵主要分布于河口北部海域（图 6-3），仔稚鱼分布于莱州湾和东营北部海域（图 6-4）；鱼卵和仔稚鱼密度均值分别为 0.63 粒/m^3 和 0.017 尾/m^3；鱼卵优势种为斑鰶，仔稚鱼优势种为鮻。夏季共出现鱼卵种类 7 种，为斑鰶、短吻红舌鳎、多鳞鱚、黄鲫、小带鱼、小黄鱼和中颔棱鳀（图 6-5）；仔稚鱼种类 6 种，为鮻、斑鰶、中颔棱鳀、日本下鱵、布氏银汉鱼和虾虎鱼（图 6-6）；鱼卵主要分布于河口东部（图 6-7）；仔稚鱼分布较均匀（图 6-8）；密度均值分别为 0.23 粒/m^3 和 0.006 尾/m^3；鱼卵优势种为短吻红舌鳎，仔稚鱼优势种为斑鰶。秋季共出现鱼卵种类 2 种，为鳀和花鲈（图 6-9），仔稚鱼种类 2 种，也为鳀和花鲈（图 6-10），鱼卵、仔稚鱼分布范围较少（图 6-11 和图 6-12），密度均值分别为 0.03 粒/m^3 和 0.003 尾/m^3；鱼卵优势种为鳀；仔稚鱼优势种为鳀。

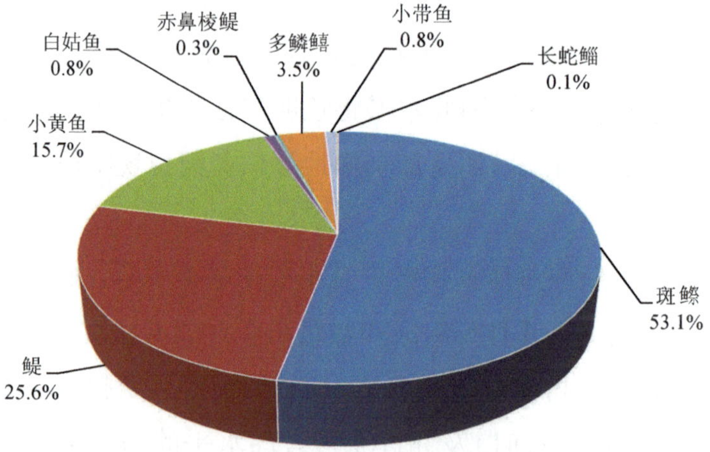

图 6-1　春季黄河口潮下带鱼卵种类组成

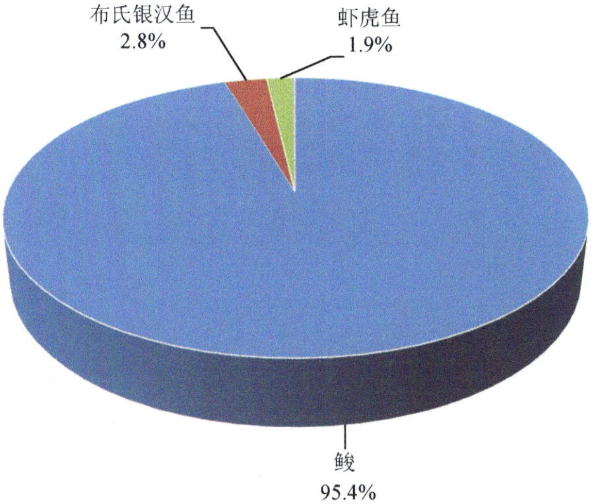

图 6-2 春季黄河口潮下带仔稚鱼种类组成

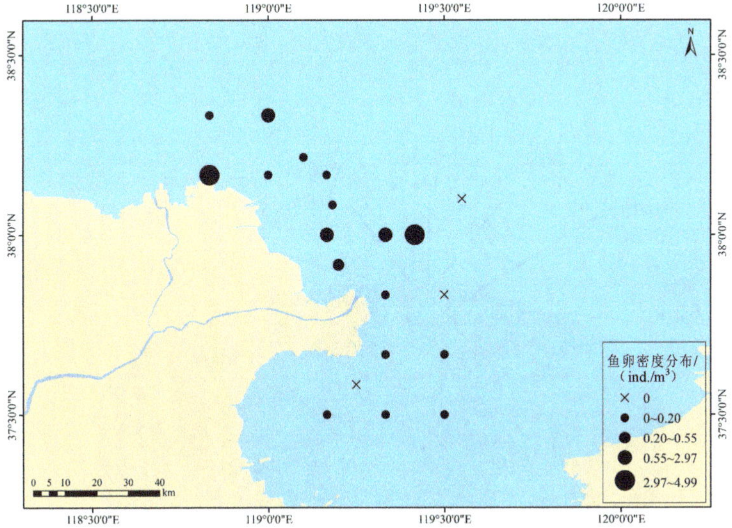

图 6-3 春季黄河口潮下带鱼卵密度分布

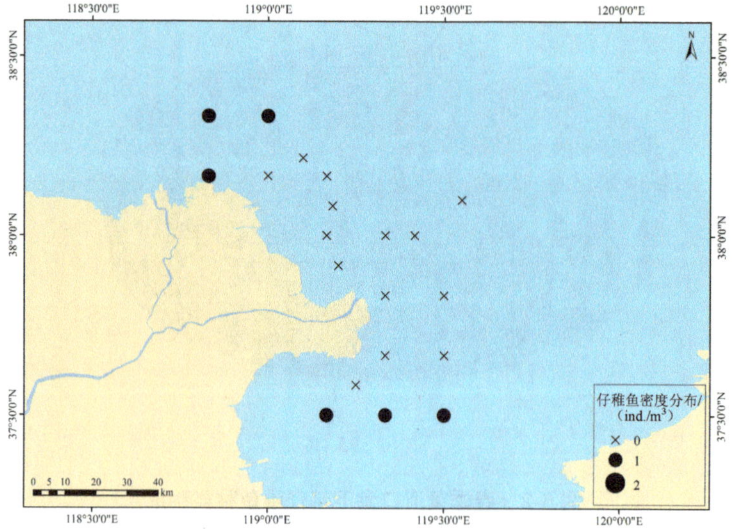

图 6-4 春季黄河口潮下带仔稚鱼密度分布

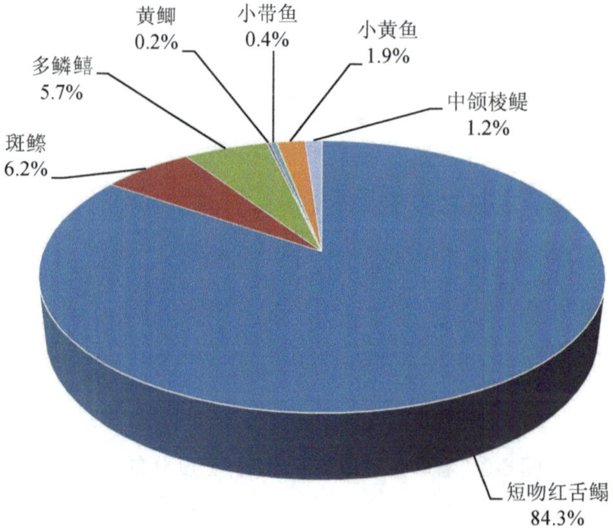

图 6-5 夏季黄河口潮下带鱼卵种类组成

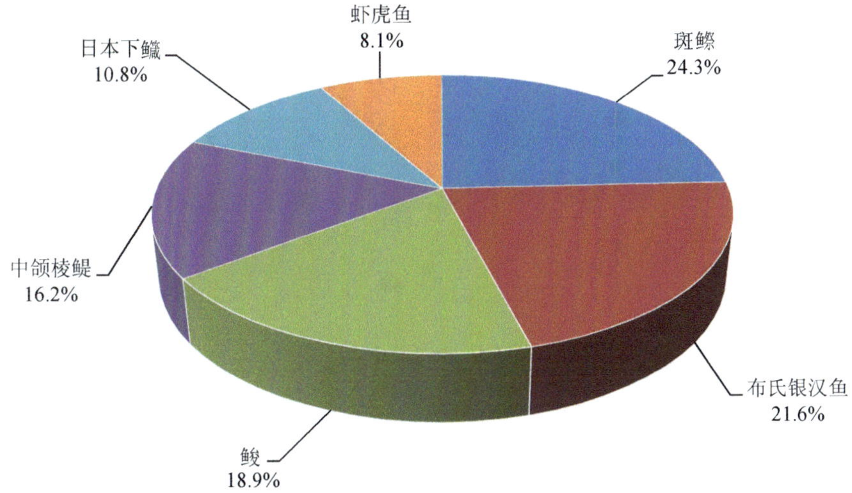

图 6-6 夏季黄河口潮下带仔稚鱼种类组成

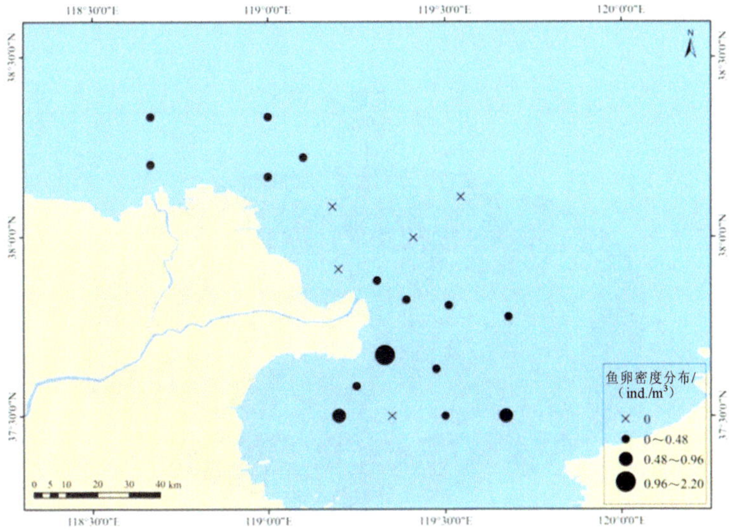

图 6-7 夏季黄河口潮下带鱼卵密度分布

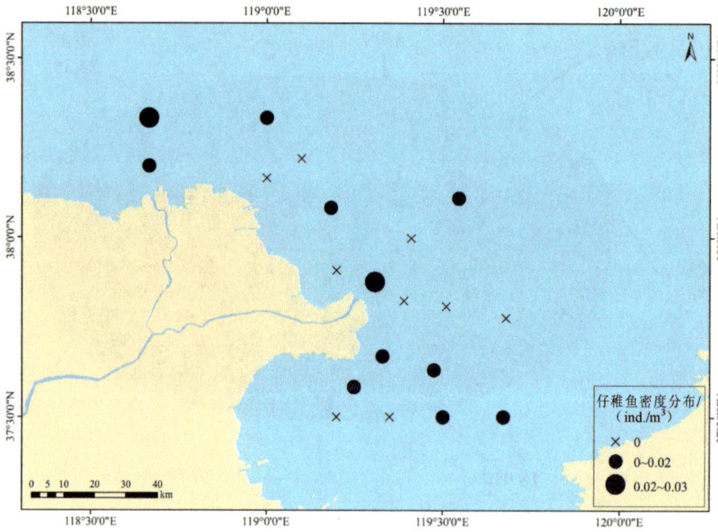

图 6-8 夏季黄河口潮下带仔稚鱼密度分布

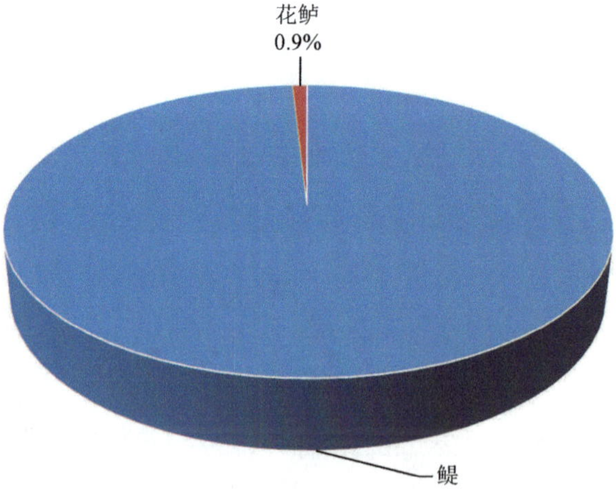

图 6-9 秋季黄河口潮下带鱼卵种类组成

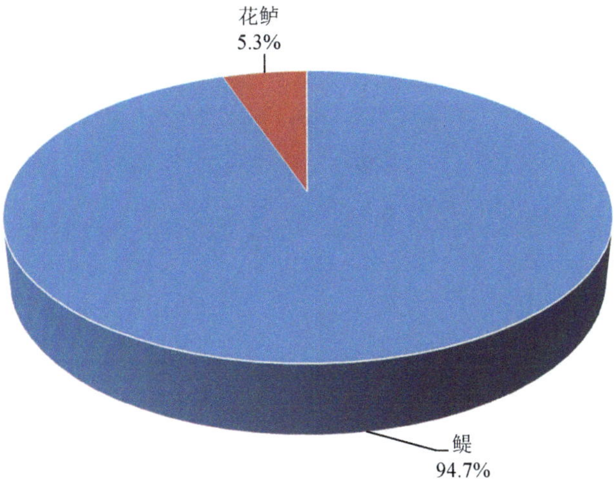

图 6-10 秋季黄河口潮下带仔稚鱼种类组成

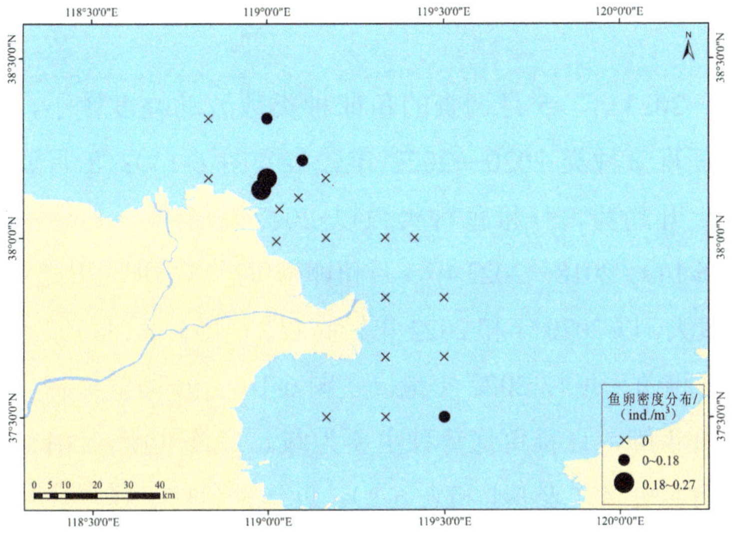

图 6-11 秋季黄河口潮下带鱼卵密度分布

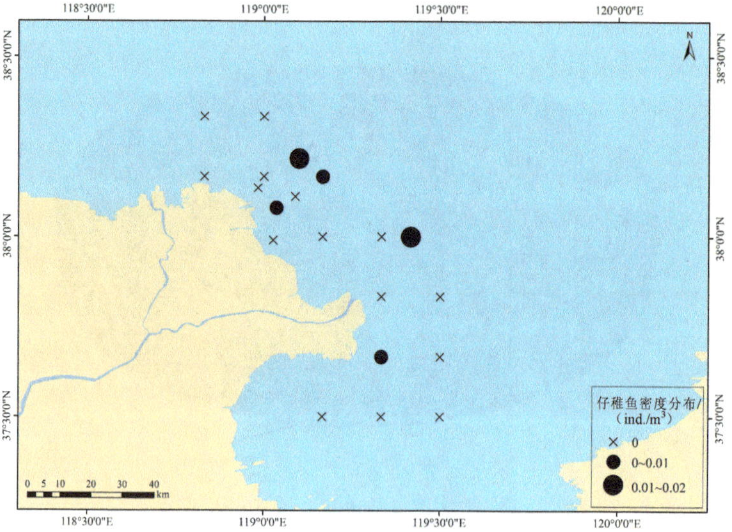

图 6-12 秋季黄河口潮下带仔稚鱼密度分布

2018—2023 年，5 月调查的鱼卵种类数波动幅度较小，总体呈上升趋势，仔稚鱼种类 2020—2022 年较多（图 6-13）；8 月调查的鱼卵种类数呈上升趋势，仔稚鱼种类数以 2022 年最低，其余各年份差异较小（图 6-14）。2018—2023 年 5 月鱼卵密度总体呈现上升趋势，仔稚鱼密度波动较大，以 2020 年和 2022 年较高（图 6-15）；8 月鱼卵密度以 2021 年最高，仔稚鱼密度以 2022 年最高（图 6-16）；鱼卵优势种主要为多鳞鱚、短吻红舌鳎，仔稚鱼优势种主要为鲅、斑鰶和鳀，2018—2023 年优势种无明显更替（表 6-1 和表 6-2）。近年来鱼卵、仔稚鱼种类数及数量呈上升趋势，主要原因可能为：①休渔期管理对渔业资源恢复的积极影响；②生态补水对促进产卵有一定积极作用；③水质持续改善有利于鱼卵、仔稚鱼生长。

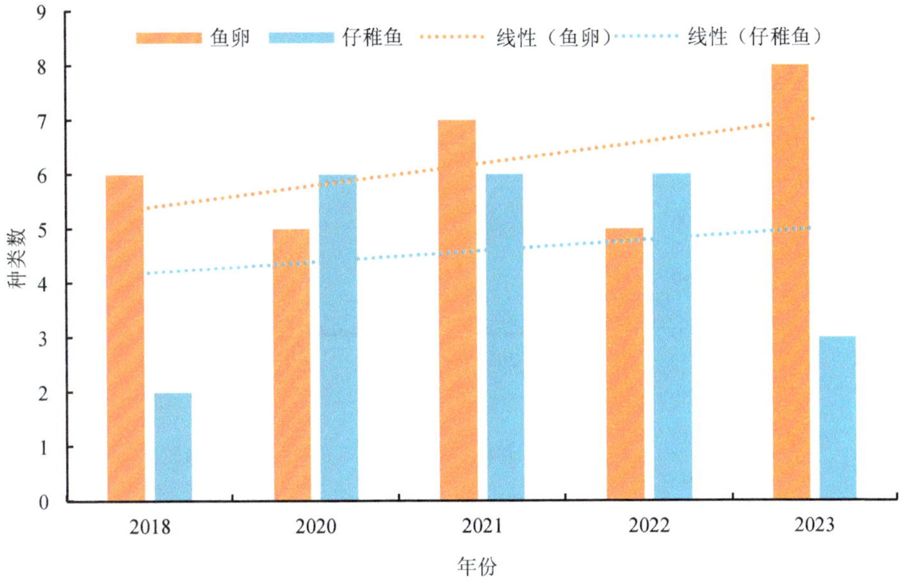

图 6-13　春季黄河口潮下带鱼卵、仔稚鱼种类数历史变化

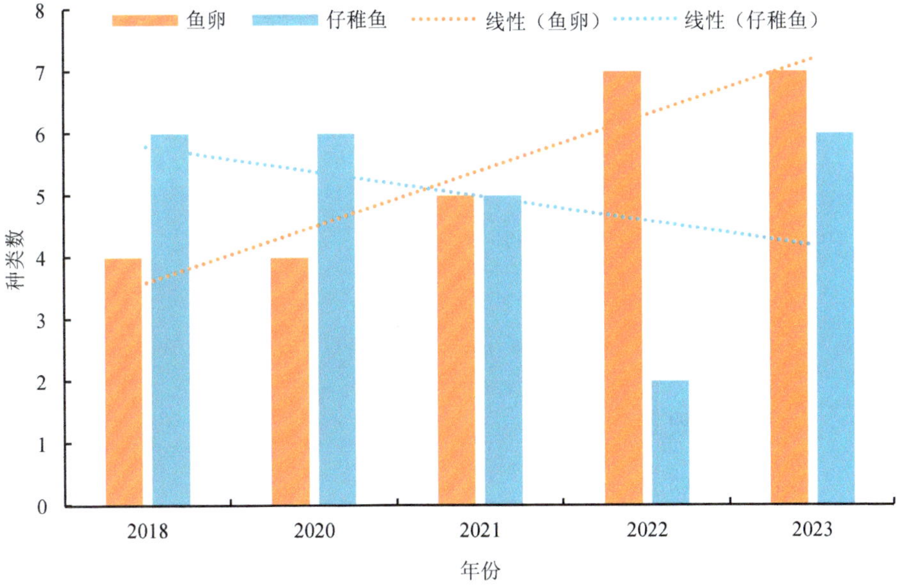

图 6-14　夏季黄河口潮下带鱼卵、仔稚鱼种类数历史变化

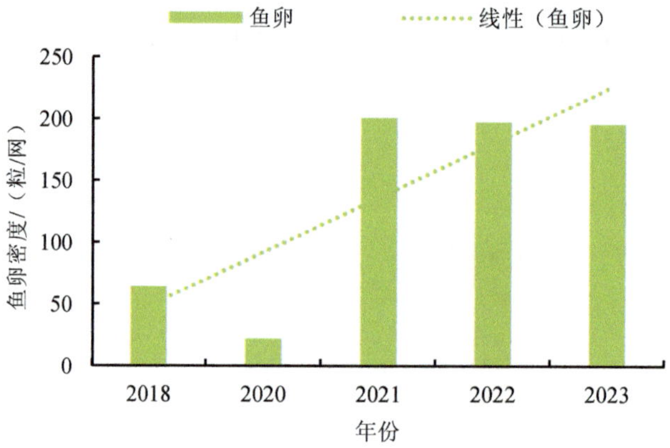

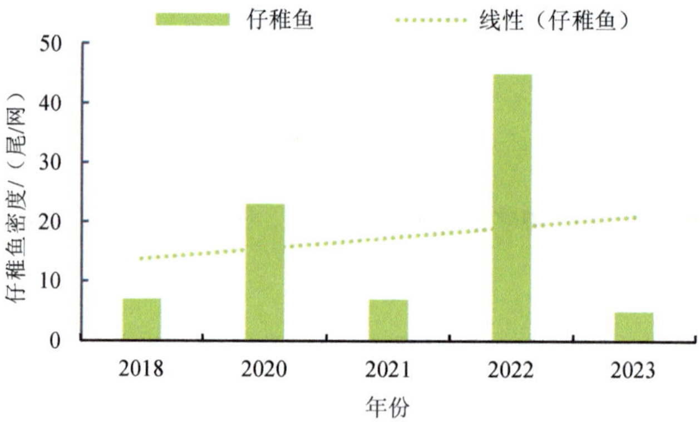

图 6-15　春季黄河口潮下带鱼卵、仔稚鱼密度历史变化

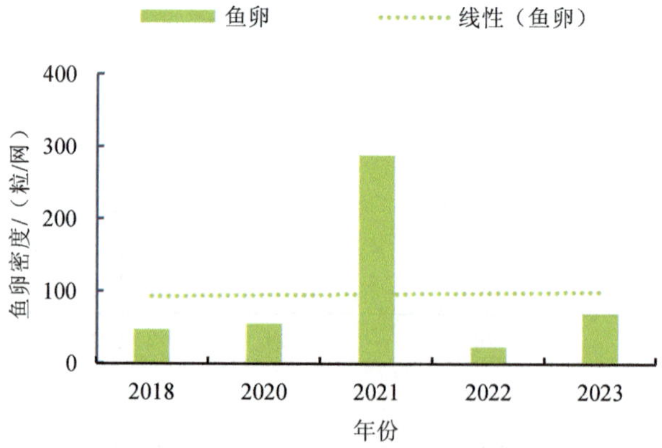

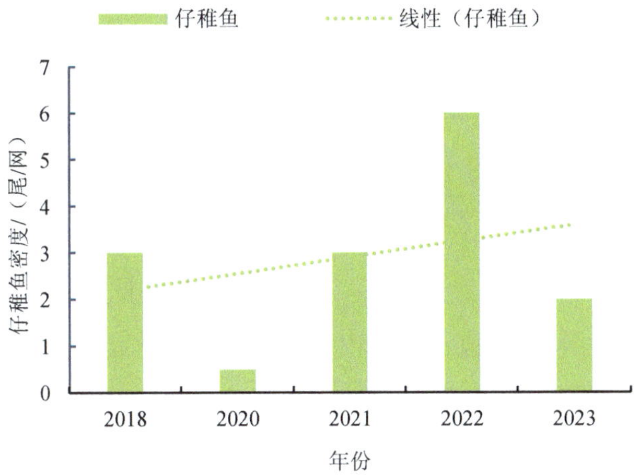

图 6-16 夏季黄河口潮下带鱼卵、仔稚鱼密度历史变化

表 6-1 春季黄河口潮下带鱼卵、仔稚鱼优势种历史变化

年份	鱼卵优势种	仔稚鱼优势种
2018	短吻红舌鳎	鳀
2020	斑鰶	斑鰶
2021	斑鰶、短吻红舌鳎、多鳞鱚	矛尾虾虎鱼
2022	斑鰶、短吻红舌鳎、多鳞鱚	鳀、矛尾虾虎鱼
2023	斑鰶	鮻

表 6-2 夏季黄河口潮下带鱼卵、仔稚鱼优势种历史变化

年份	鱼卵优势种	仔稚鱼优势种
2018	短吻红舌鳎	赤鼻棱鳀、鳀
2020	短吻红舌鳎	中颌棱鳀
2021	短吻红舌鳎、斑鰶、多鳞鱚	日本下鱵、虾虎鱼
2022	短吻红舌鳎、半滑舌鳎	鳀
2023	短吻红舌鳎	斑鰶

20世纪80年代，很多鱼类学家就开展了黄河口鱼类的相关工作。较80年代，2023年鱼卵、仔稚鱼种类数明显减少，物种组成与优势种发生了显著变化（表6-3和图6-17）。1984年5—11月和1985年1月共获取鱼卵、仔稚鱼22科38种，主要包括：小型组细条天竺鲷、青鳞鱼、梅童鱼、斑鰶、黄鲫、鳀等13种，中型组银鲳、小黄鱼、白姑鱼、黄姑鱼、高眼鲽、黄盖鲽等11种，大型组蓝点马鲛、半滑舌鳎、牙鲆、梭鱼等6种，有较多经济价值较高的鱼类（杨纪明等，1995）。1989年6月和9月共获取鱼卵、仔稚鱼15科21种，其中鳀、斑鰶、青鳞、黑腮梅童鱼数量较多，与1982年山东省海岸带和海涂资源综合调查同期相比，数量种类均大幅减少（焦玉木等，1998）；2007年在黄河口邻近海域共调查发现鱼卵、仔稚鱼12科18种，优势种为斑鰶、短吻红舌鳎、油魣鱼，与前期调查相比，种类减少，优势种组成也发生明显变化；2013年8月和2014年5月调查发现鱼卵、仔稚鱼12科18种（两个未定种），优势种为日本鳀、赤鼻棱鳀、斑鰶、短吻红舌鳎、多鳞鱚、矛尾虾虎鱼（秦雪等，2017）。2023年5月、8月、10月调查发现鱼卵、仔稚鱼16种，优势种为短吻红舌鳎、斑鰶、鮻。分析在渔业捕捞压力和环境条件变化的双重扰动下，黄河口生态系统中鱼类资源的种群交替和群落结构发生了很大变化，从而导致资源补充群体也随之改变（卞晓东，2010）。

表6-3 黄河口潮下带鱼卵、仔稚鱼优势种的年际变动

时间	优势种
1989年6月；1989年9月	鳀、斑鰶、青鳞、黑腮梅童鱼
2007年5月；2007年7月	斑鰶、短吻红舌鳎、油魣鱼
2013年8月；2014年5月	日本鳀、赤鼻棱鳀、斑鰶、短吻红舌鳎、多鳞鱚、矛尾虾虎鱼
2023年5月、8月、10月	短吻红舌鳎、斑鰶、鮻

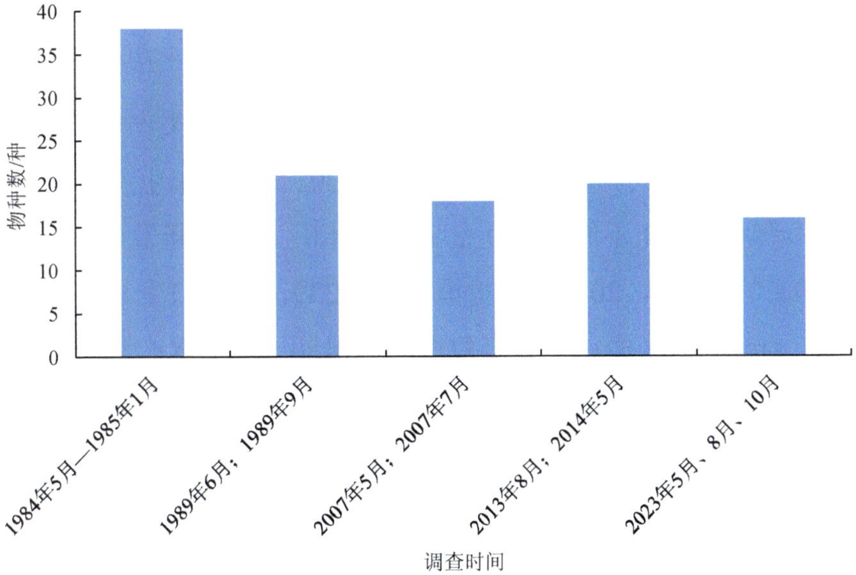

图 6-17 黄河口潮下带鱼卵、仔稚鱼物种数历史变化

当前黄河口鱼类产卵密集区域较 20 世纪 80 年代产卵场密集区缩小，分裂为黄河口和莱州湾西南部产卵场两部分（图 6-18）（李凡等，2019）。黄河每年输送大量淡水和陆源生物营养盐类进入莱州湾，塑造了中上层小型鱼类产卵（育幼）场时空分布格局。1982—2019 年对中上层小型鱼类产卵繁殖有重要意义的春季（3—5 月）年均入海径流量由 20 世纪 50 年代、60 年代的 69.75 亿 m^3、86.25 亿 m^3，分别下降为 70 年代、80 年代和 90 年代的 40.39 亿 m^3、23.1 亿 m^3 和 15.54 亿 m^3；21 世纪 00 年代则降至历史低值 14.87 亿 m^3，10 年代后回升至 31.08 亿 m^3（图 6-19）（卞晓东等，2022）。由于黄河入海径流量减少，河口附近冲淡过程减弱，低盐区面积缩小，外海高盐水入侵加强，作为营养盐和有机质重要载体的入海泥沙通量也呈“阶梯式”下降，河口海区营养盐分布范围缩减，影响了黄河口及邻近海区浮游生物物种组成，进一步影响了中小型鱼类早期资源（吴德星等，2004；Wang et al.，2010；毕聪聪等，2015；Wu et al.，2020）。此外，鱼类早期资源主营浮游生活，由黄河三角洲岸线变迁导致的莱州湾环流变化也将影响中上层小型鱼类产卵、育幼场的时空分布格局及其幼体输运（卞晓东等，2022）。近年生态补水量逐年增加，入海水量全年不低于 220 亿 m^3，河口区的盐度场发生了重大变化（图 6-20）（肖纯超，2012；范勇勇等，2023），黄河口生物产卵育幼所需的 500 km^2 低盐区面积得到有效保障，保证了低盐水产卵场环境，增加了流量脉冲，这有利于刺激鱼类产卵，保证了鱼类产卵繁殖的适宜生态流量。

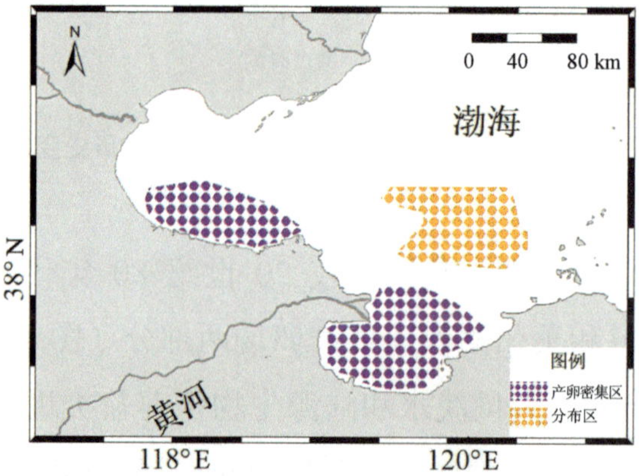

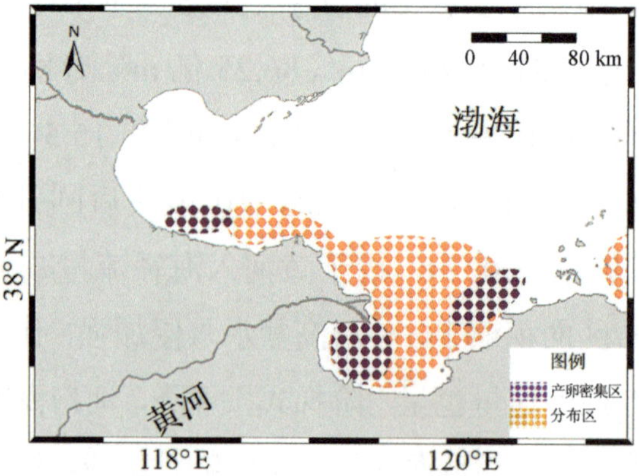

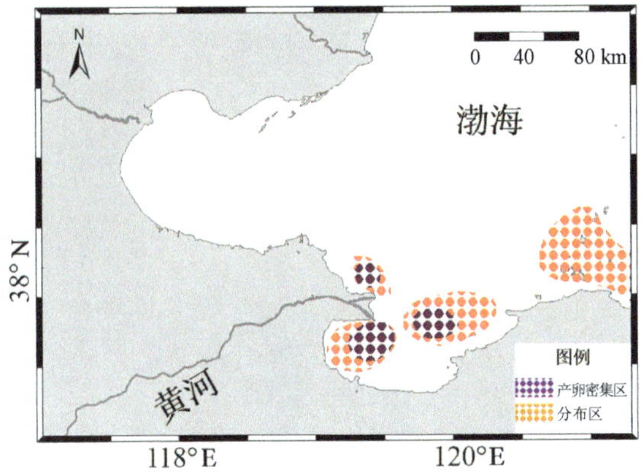

图 6-18 20 世纪 80—90 年代（上）、21 世纪 00 年代（中）及目前（下）黄河口及其邻近海域产卵密集区及分布区历史变化

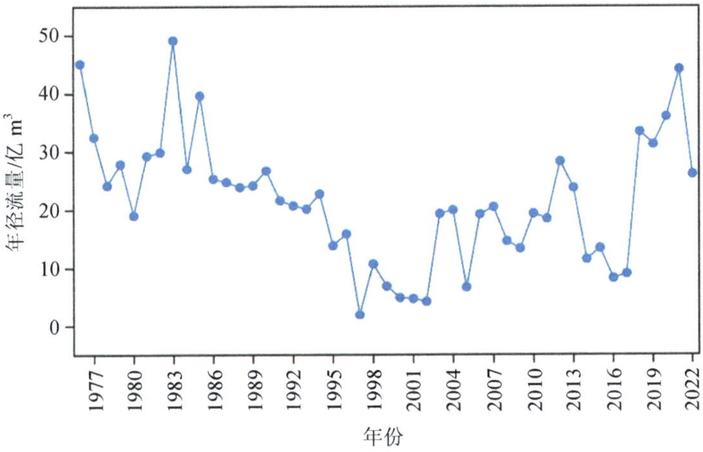

图 6-19 黄河年径流量历史变化

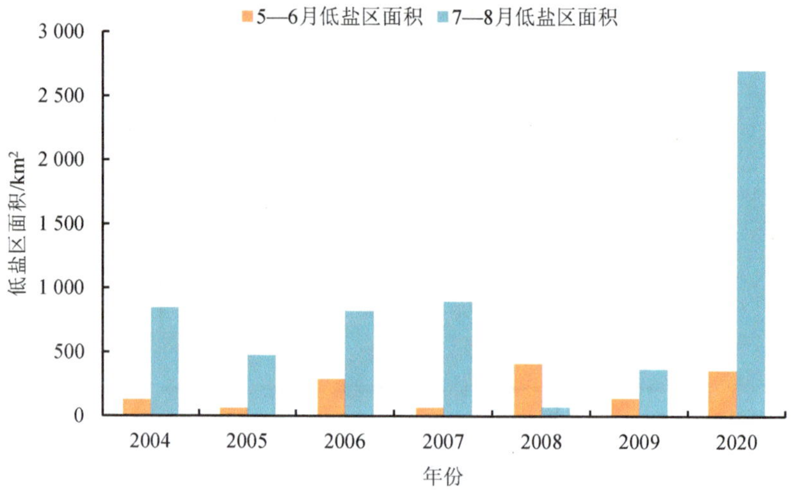

图 6-20 黄河口低盐区面积历史变化（27‰等盐线）

6.2 游泳动物

海洋游泳动物包括鱼类、甲壳类和头足类，是重要的渔业资源。游泳动物在海洋中扮演着消费者的角色，促进生物能量的传递，是海洋生态系统中的重要控制因素，它们的数量和分布受到环境变化和其他生物的影响，进而影响整个生态系统的稳定性。近年来，游泳动物群落在捕捞压力与环境变化的双重胁迫下已经发生相应的资源变动，渔业资源的营养级不断从高级向低级变化，掌握游泳动物群落结构特征的变动规律是实现渔业资源科学管理的基础（朱鑫华等，2001；李凡等，2013；孙鹏飞等，2014）。

黄河口潮下带 2023 年春季共出现游泳动物种类 55 种，鱼类 34 种，平均渔业资源尾数密度为 35.85×10^3 尾/km^2，质量密度为 466.39 kg/km^2；优势种为赤鼻棱鳀、口虾蛄和黄鲫，生物种类多样性指数平均为 1.83。

夏季共出现游泳动物种类 56 种，鱼类 34 种，平均渔业资源尾数密度为 59.07×10^4 尾/km^2，质量密度为 5 320.64 kg/km^2；优势种为斑鰶、赤鼻棱鳀、口虾蛄、银鲳、枪乌贼和中颌棱鳀，生物种类多样性指数平均为 1.90。秋季共出现游泳动物种类 46 种，鱼类 29 种，平均渔业资源尾数密度为 21.47×10^4 尾/km^2，质量密度为 1 638.50 kg/km^2；优势种为口虾蛄、枪乌贼、黄鲫和戴氏赤虾，生物种类多样性指数平均为 1.99。总体来说，游泳动物中鱼类占比最高，占 60%以上（图 6-21 至图 6-23），优势种主要为斑鰶、赤鼻棱鳀、口虾蛄、枪乌贼（表 6-4），以短生命周期、低营养层级的小型、中上层鱼类为主。

5 月游泳动物分布密集区位于河口低盐区产卵场，8 月、10 月在河口近海分布较均匀（图 6-24 至图 6-26）。资源数量密度以夏季最高，资源质量密度以夏季最高、秋季次之、春季最低。休渔期内 5 月捕捞资源大多为越年群体，8 月主要为当年补充群体，休渔期内资源量和资源密度逐步升高，10 月休渔期结束后一方面受捕捞力量影响，其次受水温降低影响，当年洄游群体游离至渤海越冬场，导致资源量和密度降低。

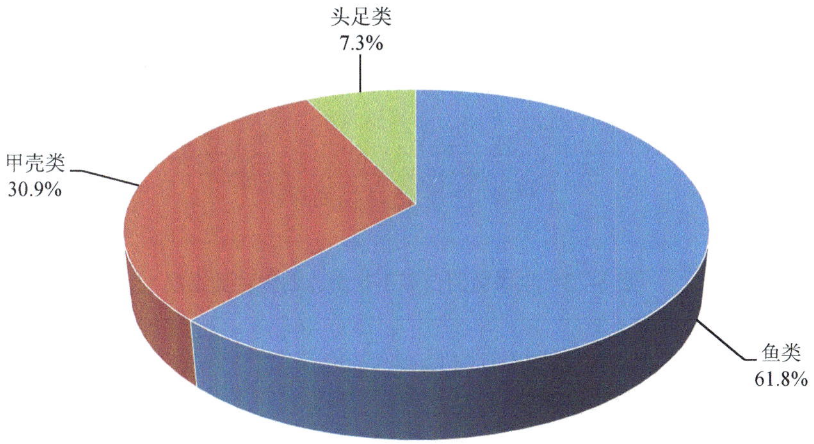

图 6-21 春季黄河口潮下带游泳动物种类组成

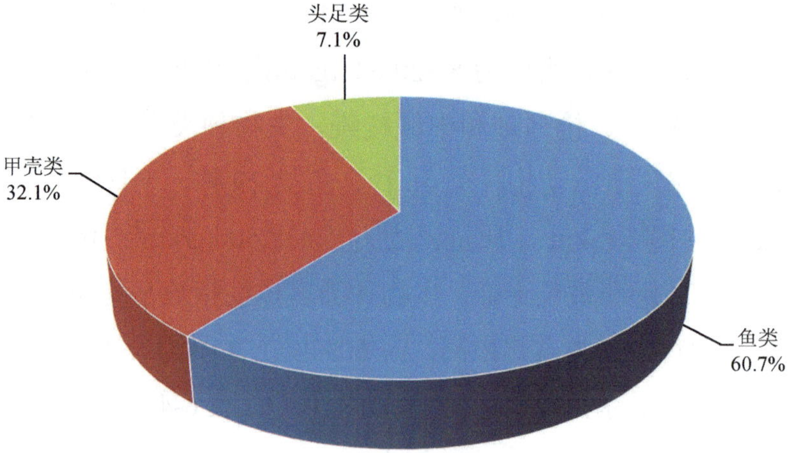

图 6-22　夏季黄河口潮下带游泳动物种类组成

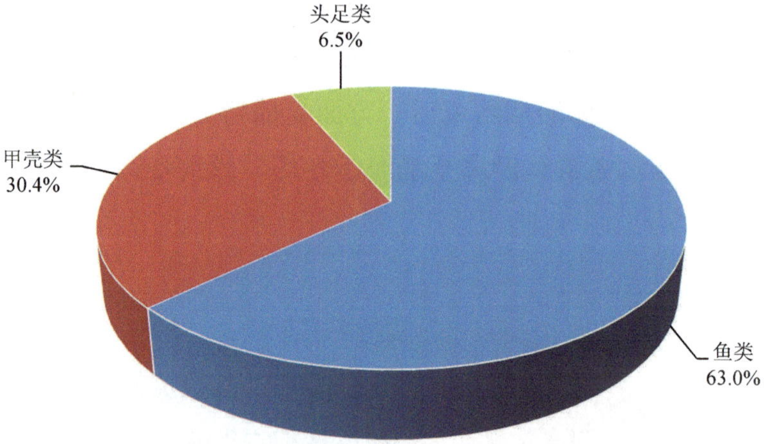

图 6-23　秋季黄河口潮下带游泳动物种类组成

表 6-4 黄河口潮下带游泳动物主要优势种

物种	图片	物种	图片
赤鼻棱鳀		枪乌贼	
口虾蛄		斑鰶	

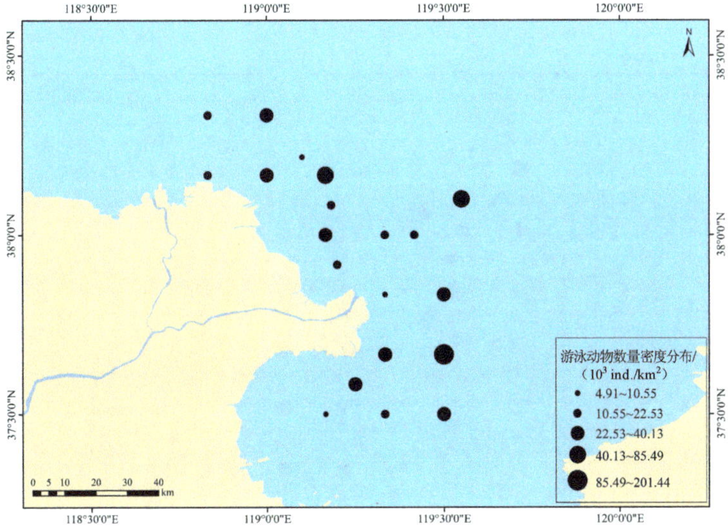

图 6-24 春季黄河口潮下带游泳动物数量密度分布

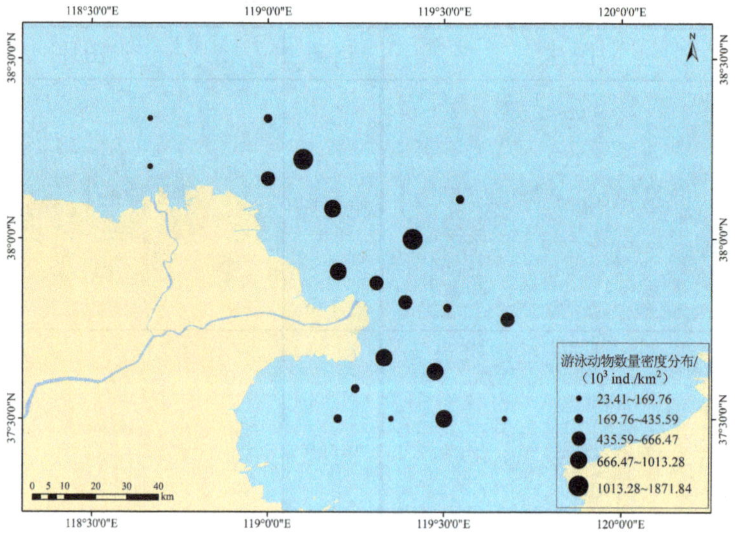

图 6-25 夏季黄河口潮下带游泳动物数量密度分布

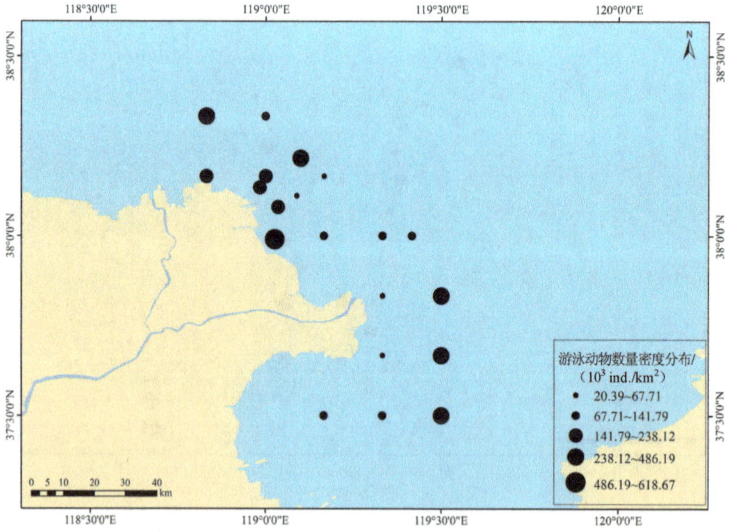

图 6-26 秋季黄河口潮下带游泳动物数量密度分布

2020—2023 年的调查结果显示游泳动物资源量呈现逐步升高趋势（图 6-27 和图 6-28），与 20 世纪 80 年代相比，资源尾数密度也得到相应提升，特别是夏季资源量提升数倍（图 6-29），主要与实行伏季休渔期和持续的增殖放流活动相关，但渔业资源仍以短生命周期、低营养层级的小型、中上层鱼类及增殖放流的中国对虾、海蜇、三疣梭子蟹等低营养级、低质、低龄的物种为主，个体大、经济价值高、肉食性鱼类很少，游泳动物整体仍处于低质化阶段。

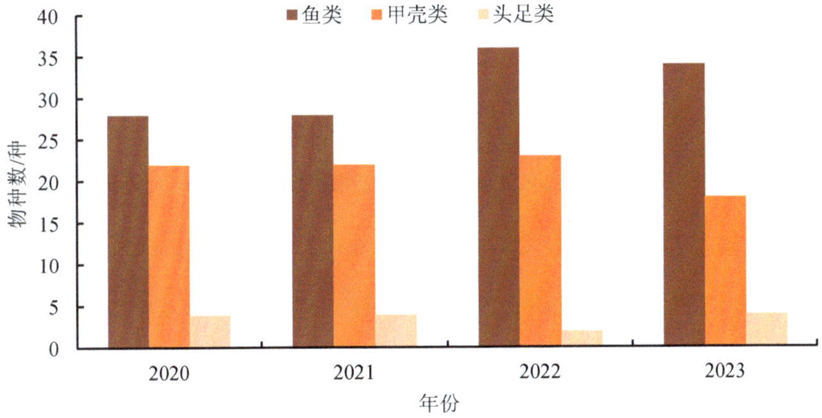

图 6-27　黄河口潮下带种类组成历史变化

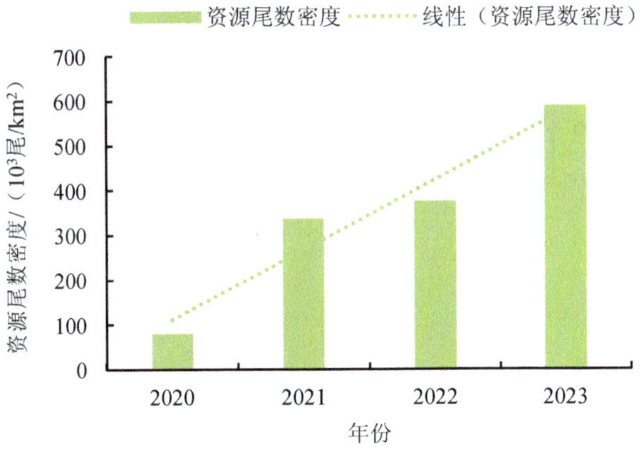

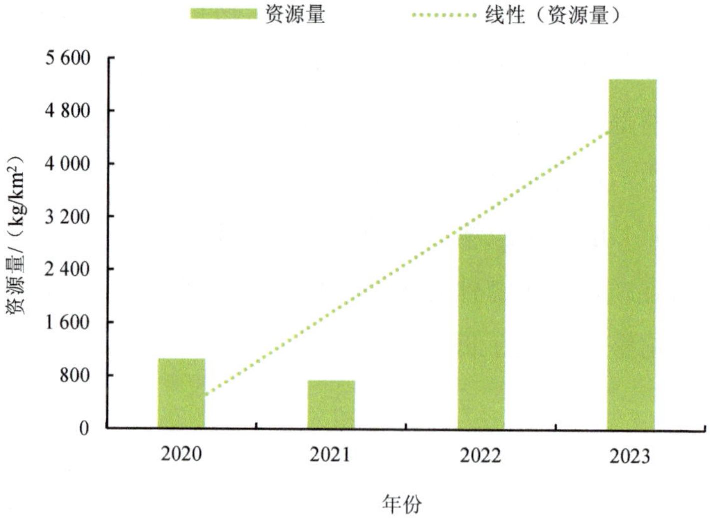

图 6-28 2020—2023 年夏季游泳动物密度、资源量变化趋势

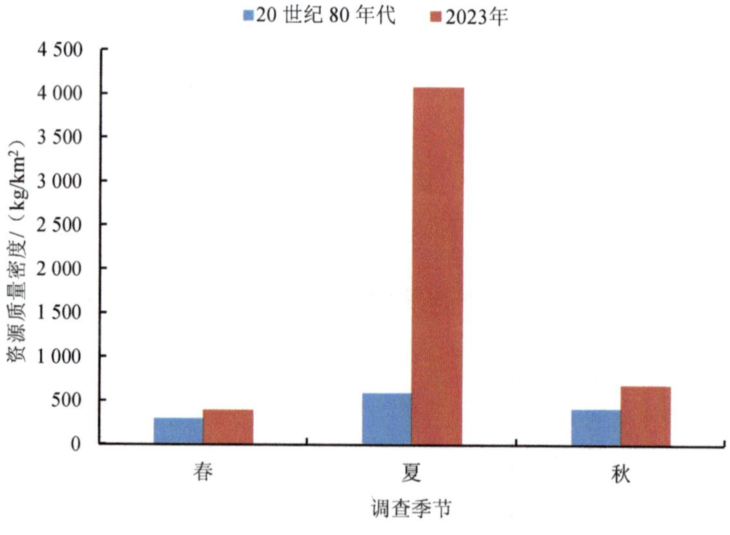

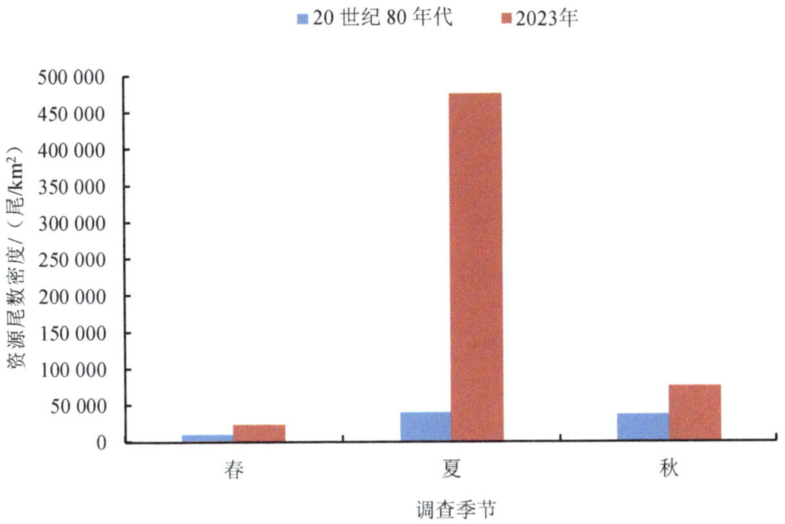

图 6-29 20 世纪 80 年代与 2023 年游泳动物密度变化趋势

20 世纪 50 年代以来游泳动物优势种更替明显，呈现小型化趋势，小型个体数量增加，经济价值较高的种类被低质、低龄种类代替（图 6-30）。历史上黄河口海域鱼类资源较丰富，是多种洄游性鱼类的索饵场或者繁殖生长地，该海域有多达 114 种鱼类，隶属分类学中的 15 个目 50 个科，而鲈形目的鱼类则占较大的比例，且以暖温洄游性种类占优势（朱鑫华等，2001）。20 世纪 60 年代，该海域主要捕获鱼类是小黄鱼和带鱼等底层鱼类，中上层鱼类捕获量所占比重较低（金显仕等，2001）。到了 80 年代，黄河口海域捕获种类以中上层的黄鲫为主，而底层鱼类以小型的棘头梅童鱼、大中型的孔鳐为主（邓景耀，1989）。而到了 90 年代初期，中上层鱼类中的鳀、赤鼻棱鳀和斑鰶的渔获量所占比例有大幅提高。经过 30 多年的掠夺性开发，黄河口海域的鱼类群落结构发生了很大的变化，鱼类资源向小型低质化及低龄化更替演变明显。

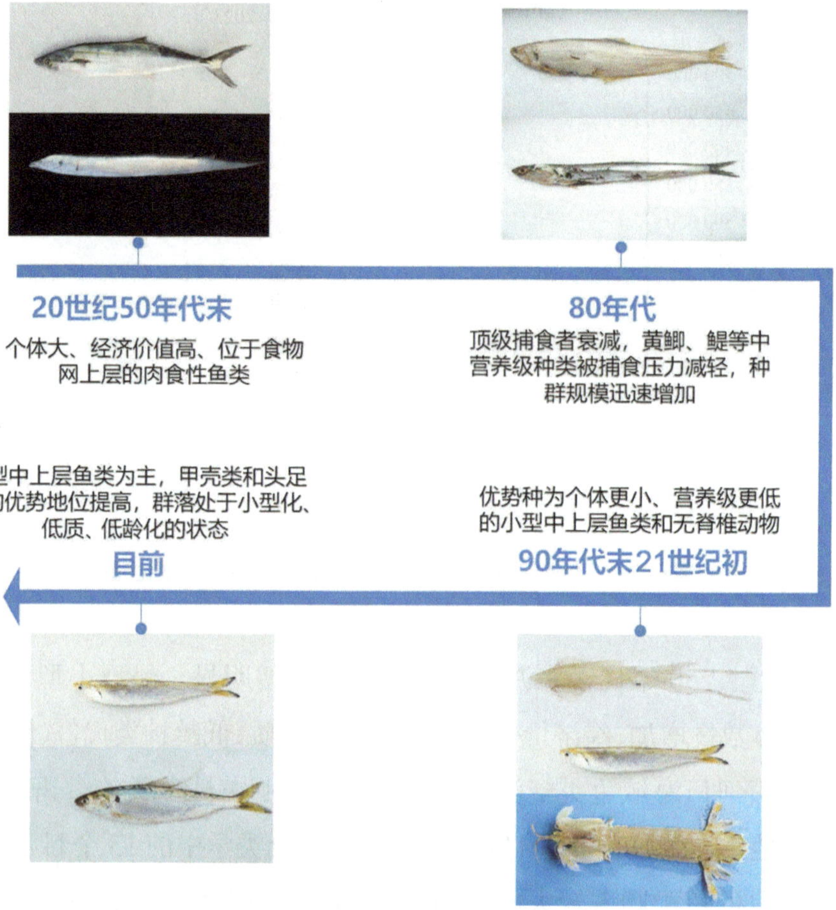

图 6-30 黄河口潮下带主要优势种变化趋势

6.3 潮间带鱼类

潮间带水域是鱼类重要的栖息生境，不仅是多种洄游鱼类的必经通道，也是多种中小型鱼类的育幼、索饵以及躲避敌害的重要场所（Mclusky et al.，2004；Krumme，2004）。研究潮间带鱼类不仅有助于直观反映水文的连通性，而且可以为生物多样性保护和可持续利用提供科学依据。尽管国外有诸多研究，但是国内研究多合并在大型底栖生物当中，针对性研究相当匮乏。

2023 年 7 月和 9 月两次调查共采集黄河口潮间带鱼类 21 种（表 6-5），其中 48%为虾虎鱼类且幼鱼比例较高，反映了黄河口潮间带水域为虾虎鱼等多种广盐性鱼类的重要索饵场、产卵场及育幼场。调查结果显示，7 月调查结果为鱼类渔获量在 37.1～585.5 g/站位、22～1 537 尾/站位，平均为 266.4 g/站位、299.9 尾/站位；9 月调查结果为 0.8～445.1 g/站位、7～74 尾/站位，平均为 102.8 g/站位、35.9 尾/站位。9 月黄河口潮间带鱼类的生物量和个体数量均明显低于 7 月，推测和潮间带鱼类多具短距离洄游习性有关。随夏秋更替和水温下降，部分潮间带鱼类从在潮间带区域索饵或繁殖转而向潮下带及浅海洄游。

表 6-5 黄河口潮间带渔获物鱼类物种组成

物种		7 月	9 月
斑鰶	*Konosirus punctatus*	+	-
青鳞小沙丁鱼	*Sardinella zunasi*	+	-
赤鼻棱鳀	*Thryssa kammalensis*	+	+
黄吻棱鳀	*Thryssa vitrirostris*	+	-
鲤	*Cyprinus carpio*	+	-
红鳍原鲌	*Cultrichthys erythropterus*	-	+
寡鳞飘鱼	*Pseudolaubuca engraulis*	+	+
沙氏下鱵	*Hyporhamphus sajori*	+	-
花鲈	*Lateolabrax maculatus*	+	+
中国鱚	*Sillago sinica*	-	+
梭鱼	*Planiliza haematocheilus*	+	+
斑尾刺虾虎鱼	*Acanthogobius ommaturus*	+	+
乳色刺虾虎鱼	*Acanthogobius lactipes*	+	+
长体刺虾虎鱼	*Acanthogobius elongatus*	+	-

物种		7月	9月
双带缟虾虎鱼	*Tridentiger bifasciatus*	+	+
缟虾虎鱼	*Tridentiger* sp.	-	+
裸项蜂巢虾虎鱼	*Favonigobius gymnauchen*	-	+
拟虾虎鱼	*Pseudogobius* sp.	-	+
普氏细棘虾虎鱼	*Acentrogobius pflaumii*	-	+
子陵吻虾虎鱼	*Rhinogobius giurinus*	-	+
大鳍弹涂鱼	*Periophthalmus magnuspinnatus*	+	+

注：“+”代表调查中获得，“-”代表调查中未获得。下同。

本次调查利用环境DNA宏条形码技术对黄河口潮间带水样进行分析（表6-6），共检测到鱼类31种，其中12种与本调查网具采集结果一致，检出未采集到鱼类共19种。目前有关黄河口潮间带鱼类多样性的研究资料较为缺乏，环境DNA技术可作为传统调查方法的重要补充。

表6-6 黄河口潮间带鱼类环境DNA检测结果分析

物种		序列 reads数	序列相似度/%	网具调查是否获得
斑尾刺虾虎鱼	*Acanthogobius ommaturus*	70 214	100.0	+
花鲈	*Lateolabrax maculatus*	45 516	100.0	+
双带缟虾虎鱼	*Tridentiger bifasciatus*	27 026	99.5	+
长体刺虾虎鱼	*Acanthogobius elongata*	20 593	100.0	+
大颌裸身虾虎鱼	*Gymnogobius macrognathos*	16 565	99.1	-
褐斑鲬	*Platycephalus* sp.	15 879	99.1	-
叫姑鱼	*Johnius grypotus*	7 067	99.1	-
梭鱼	*Planiliza haematocheilus*	5 471	100.0	+
银姑鱼	*Pennahia argentata*	3 228	99.1	-
大泷六线鱼	*Hexagrammos otakii*	2 252	100.0	-
松江鲈	*Trachidermus fasciatus*	1 168	100.0	-
髭缟虾虎鱼	*Tridentiger barbatus*	1 152	99.1	-
竿虾虎鱼	*Luciogobius guttatus*	869	99.1	-

物种		序列 reads 数	序列相似度/%	网具调查是否获得
鳀	*Engraulis japonicus*	689	100.0	-
斑鰶	*Konosirus punctatus*	675	100.0	+
普氏细棘虾虎鱼	*Acentrogobius pflaumii*	432	100.0	+
拟虾虎鱼	*Pseudogobius* sp.	328	99.5	+
黄鲫	*Setipinna tenuifilis*	234	100.0	-
矛尾虾虎鱼	*Chaeturichthys stigmatias*	219	98.2	-
尖嘴扁颌针鱼	*Strongylura anastomella*	215	100.0	-
石鲽	*Kareius bicoloratus*	179	100.0	-
中国鱚	*Sillago sinica*	119	100.0	+
缟虾虎鱼	*Tridentiger* sp.	107	100.0	+
青鳞小沙丁鱼	*Sardinella zunasi*	101	99.1	+
方氏云鳚	*Pholis fangi*	87	100.0	-
少鳞鱚	*Sillago japonica*	59	100.0	-
黄吻棱鳀	*Thryssa vitrirostris*	50	100.0	+
大鳞鲅	*Liza macrolepis*	29	97.2	-
拉氏狼牙虾虎鱼	*Odontamblyopus lacepedii*	21	99.5	-
蓝点马鲛	*Scomberomorus niphonius*	20	100.0	-
细纹狮子鱼	*Liparis tanakae*	8	99.5	-

相对重要性指数（IRI）显示（表 6-7），黄河口潮间带鱼类的优势种随季节变化发生明显更替。随夏秋季节变化，虾虎鱼类的相对重要性指数呈升高趋势，与其个体数量占比和生物量占比的变化趋势一致。作为黄河口潮间带鱼类的优势类群，虾虎鱼类中的一些种类具有成为生态指示种的潜在价值，应作为黄河口潮间带生物多样性长期调查的重点监测对象。

表 6-7 黄河口潮间带渔获物鱼类相对重要性指数（IRI）

物种中文名	物种拉丁名	7 月 IRI	9 月 IRI
斑鰶	*Konosirus punctatus*	6 396.8	-
青鳞小沙丁鱼	*Sardinella zunasi*	13.9	-
赤鼻棱鳀	*Thryssa kammalensis*	138.0	37.7
黄吻棱鳀	*Thryssa vitrirostris*	1.9	-
鲤	*Cyprinus carpio*	30.1	-
红鳍原鲌	*Cultrichthys erythropterus*	-	32.5
寡鳞飘鱼	*Pseudolaubuca engraulis*	1.7	18.9
沙氏下鱵	*Hyporhamphus sajori*	7.9	-
花鲈	*Lateolabrax maculatus*	1 623.1	903.6
中国鱚	*Sillago sinica*	-	22.4
梭鱼	*Planiliza haematocheilus*	4 873.4	1 884.4
斑尾刺虾虎鱼	*Acanthogobius ommaturus*	634.0	1 677.3
乳色刺虾虎鱼	*Acanthogobius lactipes*	274.7	4 761.3
长体刺虾虎鱼	*Acanthogobius elongatus*	150.8	-
双带缟虾虎鱼	*Tridentiger bifasciatus*	125.8	848.7
缟虾虎鱼	*Tridentiger* sp.	-	45.7
裸项蜂巢虾虎鱼	*Favonigobius gymnauchen*	-	92.0
拟虾虎鱼	*Pseudogobius* sp.	-	9.0
普氏细棘虾虎鱼	*Acentrogobius pflaumii*	-	5.1
子陵吻虾虎鱼	*Rhinogobius giurinus*	-	4.5
大鳍弹涂鱼	*Periophthalmus magnuspinnatus*	69.7	450.0

本次调查利用 Shannon-Wiener 多样性指数、Margalef 物种丰富度指数和 Pielou 均匀度指数等方法对黄河口潮间带鱼类多样性进行评估，研究结果在一定程度上反映了黄河口潮间带鱼类的物种多样性水平偏低，均匀度水平中等，支持了现代黄河口水域的短暂发育史及水文特征难以产生高丰度的物种多样性的观点，同时揭示了黄河口潮间带鱼类群落结构不稳定性和多样性脆弱的特点。

7 生物多样性保护成效及生态健康评估

7.1 生物多样性保护成效评估

7.1.1 海洋营养级

营养级表示生物在食物链或食物网中的营养位置，它不仅能够反映海洋食物网物种之间的营养关系，还可以作为评价海洋生物多样性和渔业状况动态变化的监测指标，在渔业生态系统研究和管理中发挥着越来越重要的作用。渔业资源量及平均营养级随捕捞强度的增加而降低，渔业资源结构及分布也随之改变。

黄河口海域 2023 年春、夏季渔获物平均营养级均为 3.32（表 7-1），按照海洋生物多样性评价指标的等级划分标准划分为Ⅱ级。黄河口及其邻近海域海洋生物营养级的研究较少。杜建国等（2014）研究了 1950—2011 年中国沿海海域营养级指数呈现先下降后缓慢上升的趋势，波动范围在 3.45～3.25；吴佳颖等（2017）综合分析了黄海、渤海海域主要渔获种类的平均营养级，研究表明 1956—2014 年黄海、渤海渔获物平均营养级波动范围在 3.63～4.46，整体呈下降趋势。与之相比，2023 年黄河口邻近海域的渔获物平均营养级较低，符合现阶段黄河口渔获物以短生命周期、低营养层级的小型和中上层鱼类为主的特征。

表 7-1　黄河口海域海洋营养级指数

一级指标	二级指标	指标值	二级指标得分
春季海洋营养级	海洋营养级指数	3.32	82.28
夏季海洋营养级	海洋营养级指数	3.32	82.08

7.1.2　浮游植物物种多样性

2023 年春季浮游植物物种多样性指标得分为 4.65。从二级指标来看，黄河口海域 20 个调查站位的浮游植物总物种数为 31 种，平均单站物种数为 7.75 种，均处于Ⅴ级，种类多样性指数平均值为 1.36，处于Ⅳ级。

2023 年夏季浮游植物物种多样性得分为 8.71。从二级指标来看，黄河口海域 20 个调查站位的浮游植物总物种数为 57 种，平均单站物种数为 21.90 种，均处于Ⅳ级，种类多样性指数平均值为 2.58（表 7-2），处于Ⅱ级。

表 7-2　黄河口浮游植物物种多样性

一级指标	二级指标	指标值	二级指标得分
春季浮游植物物种多样性	总物种数/种	31	15.82
	平均单站物种数/种	7.75	16.15
	种类多样性指数	1.36	37.83
夏季浮游植物物种多样性	总物种数/种	57	29.76
	平均单站物种数/种	21.90	48.04
	种类多样性指数	2.58	52.93

不同航次鉴定报道的浮游植物物种数目相差较大，物种组成相似性也很低，主要原因包括调查的目的不同，航次的季节不同，站位数的设置不同等（陈楠生等，2021）。因此对比分析要尽量选择相同季节和调查区域的数据，黄河口及其邻近海域 2016—2018 年浮游植物夏季物种数分别为 73、56、46，多样性指数在 2.0～3.0（沙婧婧等，2022），与 2019—2023 年夏季调查物种数差异不大，多样性也相差不大（图 4-3）；张翔等（2022）研究报道 2015—2020 年黄河口近岸海域夏季浮游植物物种数为 73～42 种，多样性指数在 1.96～2.85。总体来说，黄河口夏季浮游植物物种数呈现先下降后缓慢上升的状态，多样性指数同样呈现先下降后上升的趋势，并稳定在 2.5 左右。

7.1.3 浮游动物物种多样性

2023 年春季浮游动物物种多样性指标得分为 8.86。从二级指标来看，黄河口海域 20 个调查站位的浮游动物总物种数为 30 种，平均单站物种数为 9.10 种，分别处于Ⅴ级和Ⅳ级；浮游动物丰度和生物量分别为 165.75 个/m^3、231.19 mg/m^3，均处于Ⅲ级；种类丰富度指数和种类多样性指数分别为 1.68 和 1.73（表 7-3），分别处于Ⅳ级和Ⅲ级。

2023 年夏季浮游动物物种多样性指标得分为 11.45。从二级指标来看，黄河口海域 20 个调查站位的浮游动物总物种数为 53 种，平均单站物种数为 16.50 种，均处于Ⅳ级；浮游动物丰度和生物量分别为 273.60 个/m^3、685.19 mg/m^3，分别处于Ⅲ级和Ⅱ级；种类丰富度指数和种类多样性指数分别为 2.17 和 2.66（表 7-3），均处于Ⅲ级。

表 7-3 黄河口浮游动物物种多样性

一级指标	二级指标	指标值	二级指标得分
春季浮游动物物种多样性	总物种数/种	30	22.06
	平均单站物种数/种	9.10	39.17
	浮游动物丰度/（个/m^3）	165.75	50.80
	生物量/（mg/m^3）	231.19	55.15
	种类丰富度指数	1.68	42.08
	种类多样性指数	1.73	56.51
夏季浮游动物物种多样性	总物种数/种	53	36.88
	平均单站物种数/种	16.50	43.75
	浮游动物丰度/（个/m^3）	273.60	52.13
	生物量/（mg/m^3）	685.19	78.82
	种类丰富度指数	2.17	52.82
	种类多样性指数	2.66	79.08

马静等（2012）报道 2007 年夏季黄河口邻近海域浮游动物有 72 种，多样性指数平均为 2.34；董志军等（2017）报道 2013 年夏季黄河口邻近海域浮游动物 42 种，调查海域浮游动物群落种类多样性指数平均值为 1.58；张翔等（2022）研究报道 2015—2020 年黄河口近岸海域夏季浮游动物物种数为 13～50 种，多样性指数在 0.92～2.31；沙婧婧等（2022）报道 2016—2018 年黄河口邻近海域夏季浮游动物分别为 19 种、13 种和 21 种，多样性指数在 2.0 左右。结合本次调查，结果显示黄河口近岸海域浮游动物种类数及多样性指数均呈现先降低后增加趋势，基本同浮游植物的变化趋势一致。

7.1.4 潮间带底栖动物物种多样性

2023 年春季潮间带大型底栖动物物种多样性得分为 8.26。从二级指标来看，黄河口潮间带 48 个调查站位的总物种数为 49 种，处于Ⅳ级；

平均单条断面物种数为 16.38 种，处于Ⅲ级；生物栖息密度和生物量分别为 7.23×10^2 个/m^3 和 71.21 g/m^3，分别处于Ⅱ级和Ⅲ级；种类丰富度指数和种类多样性指数分别为 1.17 和 0.94（表 7-4），均处于Ⅳ级。

2023 年夏季潮间带大型底栖动物物种多样性指标得分为 9.21。从二级指标来看，黄河口潮间带 48 个调查站位的总物种数为 46 种，处于Ⅳ级；平均单条断面物种数为 16.00，处于Ⅲ级；生物栖息密度和生物量分别为 3.25×10^2 个/m^3 和 46.66 g/m^3，分别处于Ⅲ级和Ⅳ级；种类丰富度指数和种类多样性指数分别为 1.20 和 0.90（表 7-4），均处于Ⅳ级。

表 7-4　黄河口潮间带大型底栖动物物种多样性

一级指标	二级指标	指标值	二级指标得分
春季潮间带大型底栖动物物种多样性	总物种数/种	49	27.08
	平均单条断面物种数/种	16.38	55.40
	生物栖息密度/（个/m^3）	7.23×10^2	55.03
	生物量/（g/m^3）	71.21	37.87
	种类丰富度指数	1.17	29.29
	种类多样性指数	0.94	43.24
夏季潮间带大型底栖动物物种多样性	总物种数/种	46	25.83
	平均单条断面物种数/种	16.00	63.89
	生物栖息密度/（个/m^3）	3.25×10^2	68.74
	生物量/（g/m^3）	46.66	46.10
	种类丰富度指数	1.20	29.88
	种类多样性指数	0.90	41.72

1996—2023 年的调查数据显示，黄河口潮间带大型底栖动物物种数呈现先降低后增加的趋势（图 5-8）。蔡学军等（2000）于 1996 年 4—11 月对黄河口潮间带大型底栖动物研究，共发现大型底栖动物 193 种，种类多样性指数在 0～1.73，多样性分布很不均匀，变化较大；冷宇等（2013）于 2004—2009 年每年的 5 月和 8 月对黄河口三角洲南部小

岛河口潮间带的大型底栖动物进行调查，每年采集物种数量为17～27种，呈现先增加后减少趋势，多样性指数总体呈上升趋势；李玄等（2020）2018年秋季和2019年春季分别对黄河入海口4个流经区域进行了采样调查，调查共采集到大型底栖动物45种，多样性指数变化为0.298～1.384。总体而言，潮间带大型底栖动物多样性有上升趋势，但总体水平一般，多样性较脆弱。

7.1.5 潮下带底栖动物物种多样性

2023年春季潮下带大型底栖动物物种多样性指标得分为13.62。从二级指标来看，黄河口潮下带20个调查站位的大型底栖动物总物种数为98种，平均单站物种数为19.10种，分别处于Ⅳ级和Ⅲ级；大型底栖动物栖息密度和生物量分别为1 541.40个/m^3和46.97 g/m^3，均处于Ⅱ级；种类丰富度指数和种类多样性指数分别为4.02和2.97（表7-5），分别处于Ⅲ级和Ⅱ级。

表7-5 黄河口潮下带大型底栖动物物种多样性

一级指标	二级指标	指标值	二级指标得分
春季大型底栖动物物种多样性	总物种数/种	98	30.30
	平均单站物种数/种	19.10	68.04
	生物栖息密度/（个/m^3）	1 541.40	86.24
	生物量/（g/m^3）	46.97	75.61
	种类丰富度指数	4.02	60.34
	种类多样性指数	2.97	88.19
夏季大型底栖动物物种多样性	总物种数/种	109	32.12
	平均单站物种数/种	22.45	71.02
	生物栖息密度/（个/m^3）	503.40	67.08
	生物量/（g/m^3）	12.66	54.16
	种类丰富度指数	5.01	68.02
	种类多样性指数	2.53	83.91

2023年夏季潮下带大型底栖动物物种多样性指标得分为12.54。从二级指标来看，黄河口潮下带20个调查站位的大型底栖动物总物种数为109种，平均单站物种数为22.45种，分别处于Ⅳ级和Ⅲ级；大型底栖动物栖息密度和生物量分别为503.40个/m^3和12.66 g/m^3，均处于Ⅲ级；种类丰富度指数和种类多样性指数分别为5.01和2.53（表7-5），分别处于Ⅲ级和Ⅱ级。

张旭等（2010）于2007年5月在黄河口近海进行底拖网调查，共采集到大型底栖动物28种；李宝泉等（2020）于2017年5月调查共采集到大型底栖动物44种，与10年前相比，黄河口海域底栖动物物种数呈现上升趋势；张翔等（2022）于2015—2020年每年夏季采集到大型底栖动物物种数在52～88种，种类多样性指数在2.18～3.14，呈现先减少后增加趋势；2019—2023年夏季大型底栖动物种类数及多样性指数变化总体呈现上升趋势（图5-5）。总体来说，黄河口近岸海域大型底栖动物回升向好、长期向好的基本趋势没有改变。

7.1.6 结论

综上所述，2023年黄河口海域春季海洋生物多样性指数为51.86（图7-1）。从海洋生物多样性现状分级来看，黄河口海域海洋生物多样性处于“中等”状态。从黄河口海域海洋生物多样性一级指标来看，其海洋营养级、浮游植物物种多样性、浮游动物物种多样性、潮间带底栖动物物种多样性和潮下带大型底栖动物物种多样性的得分分别为16.46、4.65、8.86、8.26和13.62（图7-2）。根据一级指标评价结果来看，影响黄河口海域春季海洋生物多样性的指标有浮游植物物种多样性、浮游动物物种多样性和潮间带底栖动物物种多样性。

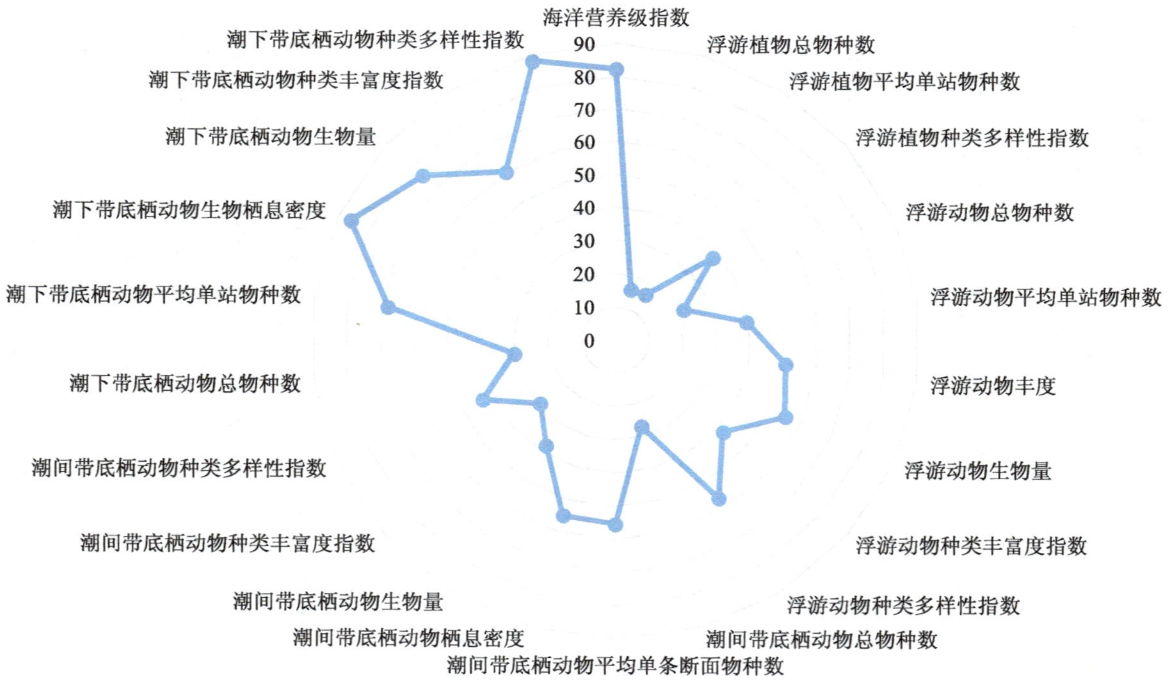

图 7-1　2023 年春季黄河口海洋生物多样性二级指标得分

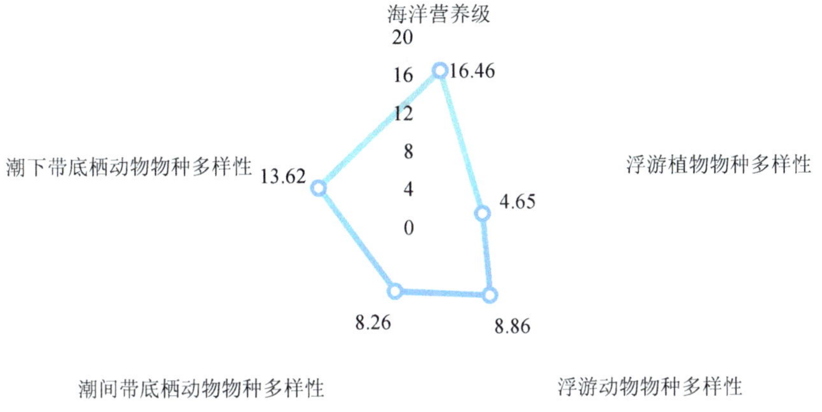

图 7-2　2023 年春季黄河口海洋生物多样性一级指标得分

2023 年黄河口海域夏季海洋生物多样性指数为 58.33（图 7-3）。从海洋生物多样性现状分级来看，黄河口海域海洋生物多样性处于“中等”状态。从黄河口海域海洋生物多样性一级指标来看，其海洋营养级、浮游植物物种多样性、浮游动物物种多样性、潮间带底栖动物物种多样性和潮下带底栖动物物种多样性的得分分别为 16.42 分、8.71 分、11.45 分、9.21 分和 12.54 分（图 7-4）。根据一级指标评价结果来看，影响黄河口海域夏季海洋生物多样性的指标有浮游植物物种多样性、浮游动物物种多样性和潮间带底栖动物物种多样性。

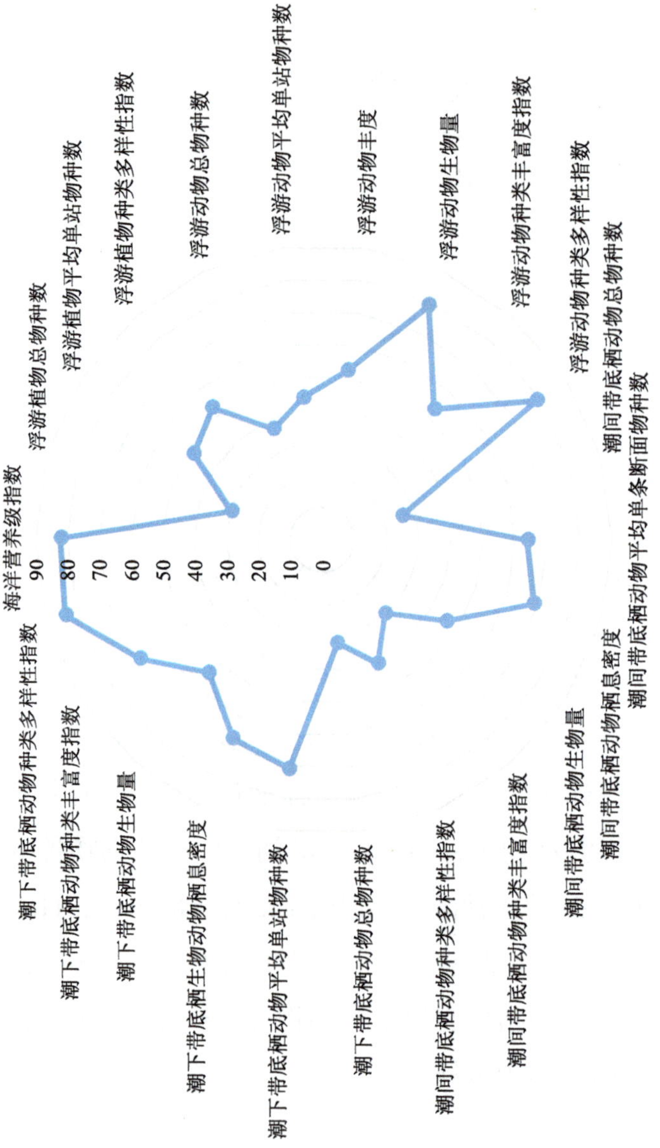

图 7-3 2023 年夏季黄河口海洋生物多样性评价得分

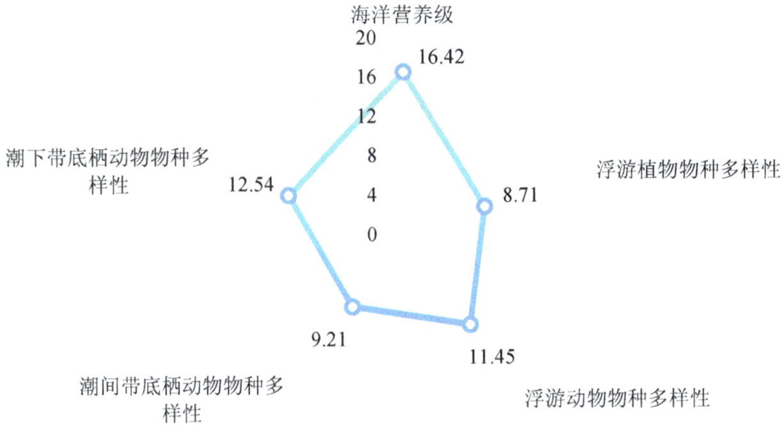

图 7-4 2023 年夏季黄河口海洋生物多样性一级指标得分

7.2 生态健康评估

生态健康评价是一种评估生态系统结构和功能、生物多样性以及生态系统服务能力的方法。河口生态系统指在河流入海口，淡水与海水混合并相互影响的水域环境与生物群落组成的统一的自然整体。合理评价河口生态系统健康有利于了解河口生态系统现状，为可持续利用河口生态系统提供科学依据。根据《近岸海洋生态健康评价指南》（GB/T 42631—2023）中河口生态系统评价要求，河口生态系统生态健康评价指标包括水环境、沉积环境、生物质量、栖息地、生物群落。

7.2.1 水环境健康状况

选取 pH、溶解氧、无机氮、活性磷酸盐、COD、石油类六类指标，以《海水水质标准》（GB 3097—1997）中的二类海水水质为标准，对各单要素质量等级进行叠加比较，依据所有单要素中质量最差的等级，确定是否满足优良水质标准。结果显示：受无机氮超标影响，春季优良水质站位比例仅为 15%（表 2-1）；夏季情况好转，优良水质站位比例提高至 70%（表 2-2）。根据《近岸海洋生态健康评价指南》（GB/T 42631—2023）中赋值标准和评价方法，水环境健康指数（W_{indx}）根据优良水质（一类、二类）面积比例所对应赋值确定。当 W_{indx} 为 15 时，水环境为健康；当 W_{indx} 为 10 时，水环境为亚健康，当 W_{indx} 为 5 时，水环境为不健康。本次调查春季水环境健康指数为 5，水体环境为不健康状态；夏季水环境健康指数为 10，水体环境为亚健康状态。

7.2.2 沉积环境健康状况

根据《近岸海洋生态健康评价指南》（GB/T 42631—2023）中河口生态系统和海湾生态系统评价中沉积环境健康指数（S_{indx}）的要求，当 $S_{indx} \geqslant 7.5$ 时，沉积环境为健康；当 $3 \leqslant S_{indx} < 7.5$ 时，沉积环境为亚健康；当 $S_{indx} < 3$ 时，沉积环境为不健康。通过对黄河口潮间带及潮下带沉积物中硫化物和有机碳赋值及评价，2023 年 5 月沉积环境健康指数均值为 10，沉积环境为健康；2023 年 8 月沉积环境健康指数均值为 10，沉积环境为健康。

7.2.3 生物质量健康状况

本次调查未涉及生物质量监测，选取 2022 年秋季航次对应站位指标检测值进行评价（表 7-6）。根据《近岸海洋生态健康评价指南》（GB/T 42631—2023）中河口及海湾生态健康评价中生物质量健康指数（BR_{indx}）的要求，当 $BR_{indx} \geqslant 7.5$ 时，生物质量为健康；当 $3 \leqslant BR_{indx} < 7.5$ 时，生物质量为亚健康；当 $BR_{indx} < 3$ 时，生物质量为不健康。调查

的生物质量均值为 7.5，黄河口生态系统生物质量 BR_{indx} 站位处于健康状态。

表 7-6 黄河口生物残毒评价指数

站位名称	指标	生物体浓度/（μg/g）	健康指数
1	汞	0.007 43	10
	镉	0.167	10
	铅	0.33	5
	砷	1.64	5
	石油烃	11.30	10
	平均	—	8
2	汞	0.005 83	10
	镉	3.68	5
	铅	1.92	5
	砷	1.29	5
	石油烃	14.50	10
	平均	—	7
生物质量健康指数			7.5

7.2.4 栖息地健康状况

7.2.4.1 滨海湿地

黄河三角洲湿地是中国暖温带最年轻、保存最完整、分布最广阔的湿地生态系统。几十年来，黄河水沙环境一直处于变化当中，也因此促进了黄河三角洲湿地的演变。2002 年进行调水调沙实验，从而改变黄河水沙条件，水沙条件变化必然引起黄河三角洲湿地的演变响应。受黄河泥沙淤积影响，1976 年黄河改道后，黄河口扇形区面积在 2017 年是 1 089.9 km^2，2022 年是 1 197.2 km^2，处于不断增加的过程。

黄河三角洲湿地典型植被分布区域主要为黄河三角洲湿地、山东黄河三角洲国家级自然保护区一千二管理站附近滨海湿地。其中黄河三角洲湿地主要由山东黄河三角洲国家级自然保护区黄河以北部分的黄河三角洲管理站和黄河以南部分的大汶流管理站滩涂区域，1996 年黄河改道前的黄河故道也在该区域。

黄河口自 1989 年引入互花米草以来，在其潮间带区域迅速扩张，侵占了本土物种（如碱蓬、芦苇和海草）的生态位，对滨海湿地的生态健康构成了严重威胁。黄河北侧的黄河三角洲管理站区域的滨海湿地在低潮位主要是互花米草分布区，其中多集中分布在黄河三角洲入海口北侧以及孤东油田东南，其中间部分低潮位也有少量互花米草分布，但是由于该区域滩涂属于侵蚀性滩涂，互花米草扩张速度慢，而在其中间大部分是稀疏的盐地碱蓬分布区。在高潮位区域还有少量稀疏柽柳林分布，该区域土壤硬度大，底栖生物少。在黄河三角洲浮桥附近北侧滩涂，有一定面积的柽柳、芦苇和盐地碱蓬混生的区域，并且在生态修复池附近，由于人工修复的存在柽柳和盐地碱蓬混生的区域，盐地碱蓬高度和盖度较大。在大汶流南侧滩涂，有大范围稀疏盐地碱蓬区分布，且该区域潮沟众多，在大汶流南侧低潮位区域，有互花米草分布，结合历史资料来看，互花米草的扩张速度较快。黄河故道两侧不仅有大范围的稀疏盐地碱蓬，还有芦苇和柽柳混生区，并且该区域潮沟密集度与其他区域相比较大。在黄河故道和黄河入海口之间，分布有大范围的互花米草，在高潮位单一的盐地碱蓬分布较少，大部分是柽柳、芦苇和盐地碱蓬混生状态分布。

近年来，山东黄河三角洲国家级自然保护区湿地修复项目陆续启动。东营市开展微地形改造，恢复原生态本底环境，通过刈割移除和二次翻耕，实现互花米草清除，通过补充盐地碱蓬、海草床等本土植被种源等方式，提高本土植被覆盖度，加快滨海生态系统自我修复进程。

2021 年黄河口互花米草清除面积为 4 816.35 hm^2，占互花米草分布总面积的 92.81%（闵钰魁等，2023）。截至目前，保护区累计退耕还湿、退养还滩 7.25 万亩，累计恢复盐地碱蓬、海草床 5.2 万亩，湿地面积增加 188 km^2，增长了 12.3%。由于缺少 2023 年的具体数据，根据近年趋势变化，判定黄河口生态系统滨海湿地年际增加或无变化，赋分按最高值 20 进行计算。

7.2.4.2 沉积物主要组分含量

对黄河口潮下带表层沉积物主要组分含量年度变化进行评价，2023 年 5 月相对于 2022 年的平均年度变化为 10.6%，赋值为 7.5（表 7-7）；2023 年 8 月相对于 2022 年的平均年度变化为 9.9%，赋值为 7.86（表 7-8）。

表 7-7 春季黄河口生态系统沉积物主要组分指标健康评价指数

站位号	2023 年				2022 年				表层沉积物主要组分含量年度变化/%	赋分
	砾石 G	砂 S	粉砂 T	黏土 Y	砾石 G	砂 S	粉砂 T	黏土 Y		
1	0	19.07	68.54	12.38	0	41.16	52.15	6.71	16.39	5
2	0	0	64.55	35.45	0	44.40	52.21	3.38	12.34	5
3	0	0.93	75.86	23.21	0	0	63.87	36.13	11.99	5
4	0	0	65.85	34.14	0	0	58.74	41.26	7.11	5
5	0	58.60	39.76	1.64	0	38.46	56.82	4.72	17.06	5
6	0	0.37	75.56	24.08	0	0.44	78.91	20.65	3.35	10
7	0	2.62	79.89	17.48	0	18.93	70.35	10.71	9.54	5
8	0	0.55	82.38	17.07	0	0	76.52	23.48	5.86	5
9	0	0.43	78.66	20.90	0	2.33	78.74	18.93	0.08	20
10	0	5.02	93.69	1.29	0	0	61.20	38.80	32.49	5
11	0	0.18	79.43	20.39	0	0.30	78.05	21.65	1.38	20
12	0	9.68	78.53	11.79	0	39.23	59.59	1.17	18.94	5
13	0	7.30	76.67	16.02	0	9.98	70.26	19.77	6.41	5
14	0	0.05	72.50	27.44	0	0.5	78.30	21.19	5.80	5
平均										7.5

表 7-8　夏季黄河口生态系统沉积物主要组分指标健康评价指数

站位号	2023 年				2022 年				表层沉积物主要组分含量年度变化/%	赋分
	砾石 G	砂 S	粉砂 T	黏土 Y	砾石 G	砂 S	粉砂 T	黏土 Y		
1	0	4.38	78.34	17.28	0	41.16	52.15	6.71	26.19	5
2	0	0	61.37	38.63	0	44.40	52.21	3.38	9.16	5
3	0	0	76.92	23.08	0	0	63.87	36.13	13.05	5
4	0	0	66.32	33.69	0	0	58.74	41.26	7.58	5
5	0	52.19	46.87	0.95	0	38.46	56.82	4.72	9.95	5
6	0	0.20	81.26	18.54	0	0.44	78.91	20.65	2.35	10
7	0	7.25	84.33	8.42	0	18.93	70.35	10.71	13.98	5
8	0	0.15	81.95	17.91	0	0	76.52	23.48	5.43	5
9	0	0.15	78.16	21.68	0	2.33	78.74	18.93	0.58	20
10	0	2.56	83.17	14.27	0	0	61.20	38.80	21.97	5
11	0	1.12	88.52	10.35	0	0.30	78.05	21.65	10.47	5
12	0	37.13	62.09	0.78	0	39.23	59.59	1.17	2.50	10
13	0	5.80	84.16	10.04	0	9.98	70.26	19.77	13.90	5
14	0	0.89	79.17	19.94	0	0.50	78.30	21.19	0.87	20
平均										7.86

7.2.4.3　栖息地健康指数

2023 年 5 月评价区域的栖息地健康指数为 13.75，2023 年 8 月评价区域的栖息地健康指数为 13.93，根据《近岸海洋生态健康评价指南》（GB/T 42631—2023）中河口生态系统和海湾生态系统评价中栖息地健康指数（E_{indx}）的要求，当 E_{indx}≥15 时，栖息地为健康；当 7.5≤E_{indx}＜15 时，栖息地为亚健康；当 E_{indx}＜7.5 时，栖息地为不健康。2023 年春季栖息地处于亚健康状态，2023 年夏季处于亚健康状态。

7.2.5 生物群落健康状况

对黄河口浮游植物密度、浮游动物密度、浮游动物生物量、鱼卵及仔稚鱼密度、大型底栖动物密度、大型底栖动物生物量指标进行评价，根据《近岸海洋生态健康评价指南》（GB/T 42631—2023）中河口生态系统和海湾生态系统评价中生物群落健康指数（D_{indx}）的要求，当D_{indx}≥37.5 时，生物群落为健康；当 22.5≤D_{indx}<37.5 时，生物群落为亚健康；当 D_{indx}<22.5 时，生物群落为不健康。2023 年春季生物群落健康指数为 17.5，处于不健康状态。2023 年夏季生物群落健康指数为 15.0，处于不健康状态。

7.2.6 生态系统健康状况

根据《近岸海洋生态健康评价指南》（GB/T 42631—2023），对水环境、沉积环境、生物质量、栖息地、生物群落 5 项指标进行综合评价，评价等级分为健康、亚健康和不健康 3 个等级。依据河口生态系统和海湾生态系统评价中生态健康指数（$\mathrm{CEH}_{\mathrm{indx}}$）的要求，当 $\mathrm{CEH}_{\mathrm{indx}}$≥80 时，生态系统处于健康状态；当 43≤$\mathrm{CEH}_{\mathrm{indx}}$<80 时，生态系统处于亚健康状态；当 $\mathrm{CEH}_{\mathrm{indx}}$<43 时，生态系统处于不健康状态。春季生态健康指数为 53.75，夏季生态健康指数为 56.43，均为亚健康状态（表 7-9）。从生态健康指数（图 7-5 和图 7-6）来看，沉积环境和生物质量处于健康水平，栖息地处于亚健康，水环境和生物群落为不健康状态。主要原因是水环境受无机氮含量较高影响，生物群落受浮游植物密度偏高、鱼卵密度偏低影响。

表 7-9 生态健康指数计算

春季		夏季	
W_{indx}	5	W_{indx}	10
S_{indx}	10	S_{indx}	10
BR_{indx}	7.5	BR_{indx}	7.5
E_{indx}	13.75	E_{indx}	13.93
D_{indx}	17.5	D_{indx}	15.0
CEH_{indx}	53.75	CEH_{indx}	56.43

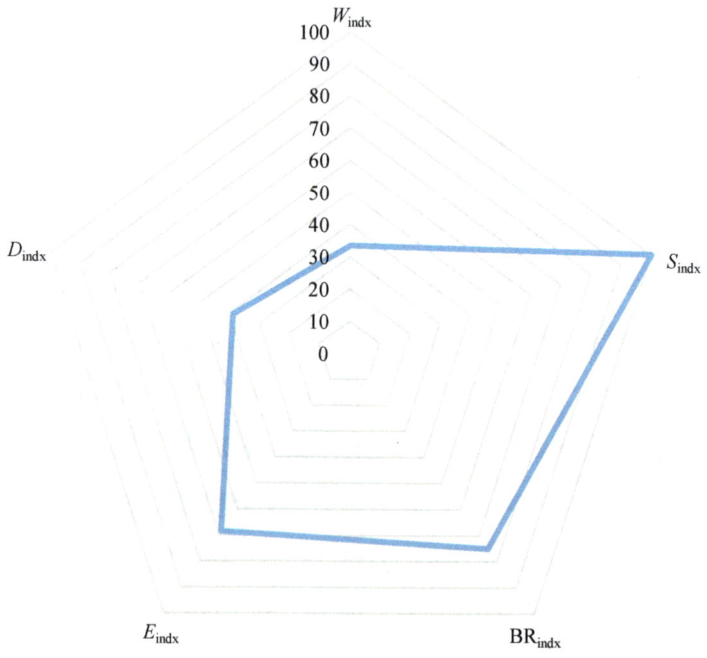

图 7-5 春季生态健康指数

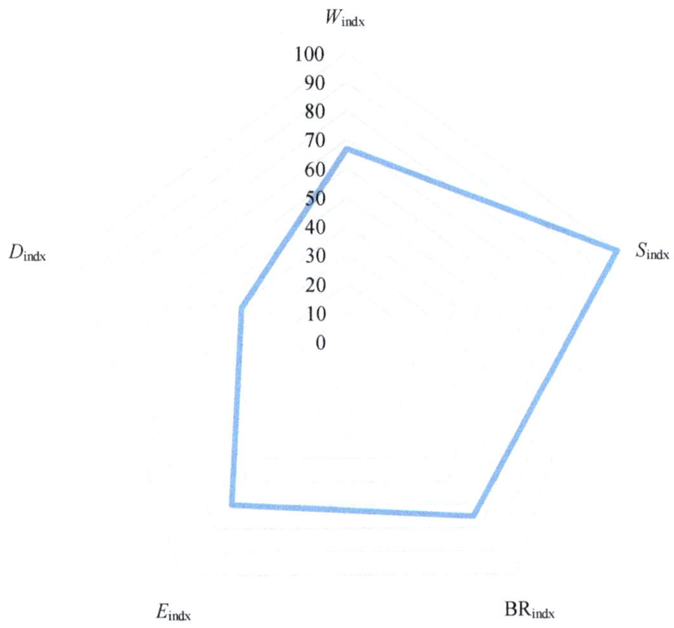

图 7-6 夏季生态健康指数

8 对策及建议

黄河口陆域、海域面积广阔，生物类群丰富，生态环境保护已经取得了显著成效。本次调查反映了黄河口水域在生态上的重要性，为多种重要海洋生物的重要索饵场、产卵场及育幼场，维持其生态平衡和生物多样性至关重要。需要持续生物多样性保护工作，以维持生物多样性水平和生态系统健康，建立健全生物多样性保护机制，加强保护区生态管理。具体措施如下。

8.1 强化陆海统筹，保障海域初级生产力

无机氮升高是海域水环境存在的主要问题，无机氮升高会造成浮游植物密度升高，从而提高海洋的初级生产力，但过高的氮磷比会造成浮游植物群落结构发生改变，增加了发生藻华现象（如夜光藻赤潮）的风险。建议强化陆海统筹，控制入海径流的陆源氮注入，降低海域氮磷比，减轻陆源污染对海洋的影响。

8.2 建立黄河口生态水量保障机制

每年 3—5 月是海洋生物（尤其是游泳动物）的产卵期，而低盐水体是游泳动物的产卵场，建议保障生态补水量。一是将维持低盐区面积约 220 亿 m^3/a 的生态水量，尤其是 1—3 月 15 亿 m^3 的生态水量缺口纳入黄河水量分配和生态水量调度等相关方案；二是加强黄河流域水资源节约集约利用，加大农业和工业节水力度，以沿黄区域为重点实施再生水循环利用试点；三是加强流域内水量调蓄能力，通过水库拦蓄、水系连通等措施，实现蓄丰补枯，保障枯水年黄河入海流量。

8.3 增加湿地水系连通能力

当前河口流路单一，主河槽、滩地和整个黄河三角洲缺少相应的横向连通机制，较大区域范围的湿地无法与黄河水系连通，无法实现常态化科学补水，影响了湿地系统的良性维持。建议系统推进实施河流沼泽湿地、退化盐沼植物修复和互花米草综合治理，科学调控生态补水，增加湿地水系连通性，提升生态系统的稳定性和复原力。

8.4 强化重要保护种的保护

一是科学开展增殖放流。对高营养级鱼类、重要功能物种（鲆鲽类、日本鳗草、绵海蜇）增殖放流，同时开展增殖绩效评估。二是完善保护区建设与管理。开展现有保护区保护物种现状调查，对于保护区划定时间久、保护物种转移的情况，重新划定保护区，如蛏类国家级海洋特别保护区。三是进一步降低捕捞强度：减少在春季（4—6 月）对产卵群体（蓝点马鲛、小黄鱼、银鲳等）的捕捞；减少在秋季（9—11 月）对当年生幼鱼（蓝点马鲛、三疣梭子蟹等）的捕捞；减少在重要产卵期（5 月）、索饵期（9 月）对饵料生物（鳀）的捕捞等。

8.5 加强生态修复效果评估

一是对修复工程全过程评估，将效果评估贯穿项目设计、施工及运行的全过程，评估项目本身可能造成的生态影响，并对项目运行过程开展跟踪评估；二是加强修复机制研究，坚持近自然修复理念，依靠生态系统自选择、自组织、自适应、自调节、自发展功能，辅以科学合理的人工干预措施。

8.6 开展黄河口环境 DNA 监测

虽然环境 DNA 宏条形码技术仍存在诸多问题，如对本地数据库的过度依赖、无法获取生物个体生物学指标信息、环境 DNA 衰变机制不清等，这使环境 DNA 在生物多样性分析方面受到很多限制。但相较传统的生物调查方法，该技术具有省时省力、灵敏度高、对生物和生态环境无害等诸多优势，与传统调查方法相结合能更有效地反映生物多样性的实际面貌，为生物多样性监测及资源调查评估提供有力的数据支持。

8.7 加强生态系统健康状况的监测与评估

河口生态系统环境条件复杂，受人为活动和近岸海洋动力过程影响剧烈，是生态环境变化的敏感区。建议系统加强河口区多学科的生态环境监测，建立生态环境健康状况的长效评价机制，及时掌握生态环境健康状态动态，结合其他保护修复措施，重点针对影响生态环境健康的薄弱点进行改善，从整体上提高河口生态系统健康水平。

参考文献

毕聪聪，鲍献文，万凯，2015. 渤海盐度年代际变异对环流结构的影响[J]. 中国海洋大学学报（自然科学版），45（1）：1-8.

卞晓东，2010. 鱼卵、仔稚鱼形态生态学基础研究[D]. 青岛：中国海洋大学.

卞晓东，万瑞景，单秀娟，等，2022. 莱州湾中上层小型鱼类早期资源量动态及其外在驱动因素[J]. 中国水产科学，29（3）：446-468.

蔡学军，田家怡，2000. 黄河三角洲潮间带动物多样性的研究[J]. 海洋湖沼通报，（4）：45-52.

陈杰，2021. 中国潮间带滩涂沉积物碳氮磷的埋藏特征[D]. 上海：华东师范大学.

陈楠生，黄海龙，2021. 中国海洋浮游植物和赤潮物种的生物多样性研究进展（一）：渤海[J]. 海洋与湖沼，52（2）：346-395.

戴群英，邹立，彭燕，2017. 黄河口潮间带沉积物中木质素的分布和降解特征[J]. 海洋环境科学，36（2）：209-215.

邓景耀，1989. 渤海渔业资源增殖与管理的生态学基础[J]. 渔业科学进展，（9）：1-10.

董贯仓，李秀启，刘峰，等，2012. 黄河三角洲潮间带底栖动物群落结构分析及环境质量评价[J]. 海洋环境科学，31（3）：370-374.

董志军，杨青，孙婷婷，等，2017. 黄河口邻近海域浮游动物群落时空变化特征[J]. 生态学报，37（2）：659-667.

董志远，陈琳琳，张乃鹏，等，2023. 基于环境 DNA 宏条形码技术研究黄河口三角洲典型潮沟系统鱼类多样性及其对水文连通性的响应[J]. 生物多样性，31（7）：23073.

杜建国，叶观琼，陈彬，等，2014．中国海域海洋生物的营养级指数变化特征[J]．生物多样性，22（4）：532-539.

范典高，1990．黄河口区潮间带沉积物中的有机质[J]．青岛海洋大学学报，20（1）：129-131.

范勇勇，吴文娟，毕乃双，等，2023. 2020 年黄河水量调度对河口水文特征的影响及沉积效应[J]．海洋地质前沿，39（10）：43-51.

高六礼，田家怡，1999．黄河三角洲附近海域底栖动物多样性及其保护措施[J]．海洋环境科学，（1）：39-44.

高振斌，万鹏，郭菲，等，2018．黄河口邻近海域主要生态压力分析[J]．人民黄河，40（7）：63-67.

侯冠群，来剑斌，李静，等，2022．成土时间对黄河三角洲植物及微生物演替的影响[J]．生态学报，42（21）：8839-8859.

黄华瑞，庞学忠，1992．渤海西南部潮间带沉积物中的重金属[J]．海洋科学，5：44-47.

焦玉木，张新华，李会新，1998．黄河断流对河口海域鱼类多样性的影响[J]．海洋湖沼通报，（4）：48-53.

金显仕，邓景耀，2000．莱州湾渔业资源群落结构和生物多样性的变化[J]．生物多样性，（1）：65-72.

金显仕，Johannes Hamre，赵宪勇，等，2001．黄海鳀鱼限额捕捞的研究[J]．中国水产科学，（3）：27-30.

冷宇，刘一霆，杜明，等，2013．黄河口海域 2004—2009 年春季大型底栖动物群落的时空变化[J]．海洋学报，35（6）：128-139.

李宝泉，姜少玉，吕卷章，等，2020．黄河三角洲潮间带及近岸浅海大型底栖动物物种组成及长周期变化[J]．生物多样性，28（12）：1511-1522.

李凡，吕振波，魏振华，等，2013．2010 年莱州湾底层渔业生物群落结构及季节变化[J]．中国水产科学，20（1）：137-147.

李凡，徐炳庆，等，2019．山东近海海洋生物资源三场一通道的现状、变迁与保护[M]．北京：海洋出版社.

李浩然，刘光兴，马静，等，2018．夏、秋季黄河口及邻近水域浮游动物群落特征[J]．海洋环境科学，37（5）：631-639.

李玄，史会剑，王海艳，等，2020．黄河三角洲潮间带软体动物多样性与分布格局[J]．生态与农村环境学报，36（8）：1055-1063.

刘志杰，2013．黄河三角洲滨海湿地环境区域分异及演化研究[D]．青岛：中国海洋大学.

闵钰魁，柯樱海，韩月，等，2023．融合 Sentinel-2 和 GF-1 时序影像的入侵植物互花米草清除动态监测[J]．遥感学报，27（6）：1467-1479.

罗先香，田静，杨建强，等，2011．黄河口潮间带表层沉积物重金属和营养元素的分布特征[J]．生态环境学报，20（5）：892-897.

马静，陈洪举，刘光兴，2012. 2007 年夏季黄河口及其邻近水域浮游动物的群落特征[J]．中国海洋大学学报（自然科学版），42（5）：74-80.

马伟伟，申友军，游奎，等，2021．渤海油气资源开发对渔业负外部效应研究[J]．海洋湖沼通报，（1）：63-70.

秦雪，张崇良，肖欢欢，等，2017．黄河口水域春、夏季鱼卵、仔稚鱼种类组成和数量分布[J]．中国海洋大学学报（自然科学版），47（7）：46-55.

沙婧婧，刘欣禹，鲍萌萌，等，2022. 2016—2018 年夏季渤海浮游生物和大型底栖动物多样性与优势种的时空变化研究[J]．海洋通报，41（3）：268-280.

沈焕庭，胡刚，2006．河口海岸侵蚀研究进展[J]．华东师范大学学报（自然科学版），（6）：1-8.

孙鹏飞，单秀娟，吴强，等，2014．莱州湾及黄河口水域鱼类群落结构的季节变化[J]．生态学报，34（2）：367-376.

孙雅妮，王蕾，王志杨，等，2023．黄河口及邻近海域游泳生物群落结构变化及其与环境因子的关系[J]．烟台大学学报（自然科学与工程版），36（2）：186-195.

田静，2012．基于大型底栖生物的黄河口及邻近海域生态质量评价[D]．青岛：中国海洋大学.

王凯，邹立，高冬梅，等，2016．黄河口潮滩春季细菌群落的分布特征及其影响因素研究[J]．中国海洋大学学报，46（1）：108-115.

王仁卿，2022．黄河三角洲湿地植被及其多样性[M]．济南：山东科学技术出版社.

王胜男，陈卫，2012．浅析淡水浮游动物的种类组成及其生态功能作用[J]．生物学通报，47（10）：10-13.

王文杰，刘光兴，2013. 2010 年秋季黄河口及其邻近海域中小型浮游动物的群落特征[J]. 海洋科学，37（11）：9-15.

王晓东，2017. 长江口浮游动物功能群的长期变化[D]. 青岛：中国科学院大学（中国科学院海洋研究所）.

王秀霞，高彦洁，左明，等，2022. 2011—2020 年调水调沙前后黄河口海域浮游动物年间变化及影响因子[J]. 海洋科学，46（12）：115-127.

王志忠，段登选，张金路，等，2010. 2008 年黄河入海口潮间带大型底栖动物生物量研究[J]. 广东海洋大学学报，30（4）：29-35.

王志忠，张金路，顾汉东，等，2017. 黄河口牡蛎产卵场及邻近海域大型底栖动物现状评价[J]. 长江大学学报（自科版），14（22）：4-5，37-44.

吴德星，万修全，鲍献文，等，2004. 渤海 1958 年和 2000 年夏季温盐场及环流结构的比较[J]. 科学通报，49（3）：287-292.

吴佳颖，薛莹，刘笑笑，等，2017. 黄、渤海渔业生物平均营养级的长期变动[J]. 中国海洋大学学报（自然科学版），47（11）：53-60.

肖纯超，2012. 黄河入海水质状况年内变化及河口羽流面积变化趋势研究[D]. 青岛：中国海洋大学.

杨纪明，李军，1995. 近十五年来中国海洋鱼类学的研究概况[J]. 海洋科学集刊，（1）：297-310.

于冬雪，2021. 近 40 年黄河三角洲滨海湿地时空演变特征及其驱动机制[D]. 聊城：聊城大学.

翟璐，韩东燕，傅道军，等，2014. 胶州湾及其邻近海域鱼类群落结构及与环境因子的关系[J]. 中国水产科学，21（4）：810-821.

张华俊，陈修康，韩博平，等，2012. 鹤地水库沉积物营养盐及重金属分布和污染特征分析[J]. 环境科学，33（4）：1167-1175.

张翔，李愫，2022. 2015—2020 年黄河口近岸海域生态环境监测与分析[J]. 水土保持通报，42（3）：139-147.

张旭，2009. 黄河口海域渔业资源调查及现状评价的初步研究[D]. 青岛：中国海洋大学.

张旭，张秀梅，高天翔，2010. 春季黄河口海域 2 种网具渔获物组成的比较分析[J]. 南方水产，6（1）：59-67.

张志南，图立红，于子山，1990．黄河口及其邻近海域大型底栖动物的初步研究（一）生物量[J]．青岛海洋大学学报，（1）：37-45.

郑莉，2007．黄河河口湿地大型底栖动物群落结构和多样性研究[D]．泰安：山东农业大学．

朱鑫华，缪锋，线薇薇，2001．鱼类补偿生长及其对资源生态学特征的影响[J]．水产学报，（3）：265-269.

Anderson D M，Glibert P M，Burkholder J M，2002. Harmful algal blooms andeutrophication：nutrient sources，composition，and consequences[J]. Estuaries，25（4）：704-726.

Glibert P M，2020. Harmful algae at the complex nexus of eutrophication and climate change[J]. Harmful Algae，91：101583.

Krumme U，2004. Patterns in tidal migration of fish in a Brazilian mangrove channel as revealed by a split-beam echosounder[J]. Fisheries Research，70：1-15.

Liu D，Shen X，Di B，et al.，2013. Palaeoecological analysis of phytoplankton regime shifts in response to coastal eutrophication[J]. Marine Ecology Progress Series，475：1-14.

McLusky D S，Elliott M，2004. The estuarine ecosystem：ecology，threats，and management，3rd edn. ed. Oxford University Press，Oxford；New York.

Rabalais N N，Turner R E，Justi D，et al.，1996. Nutrient changes in the Mississippi River and system responses on the adjacent continental shelf[J]. Estuaries，19（2）：386-407.

Rees H L，Help C，Vincx M，et al.，1991. Benthic communities：use in monitoring point-source discharges[J]. Techniques in Marine Environmental Sciences，16，1-70.

Søndergaard M，Jensen J P，Jeppesen E，2003. Role of sediment and in ternal loading of phosphorus in shallow lakes[J]. Hydrobiologia，506-509（1/2/3）：135-145.

Wang H J，Bi N S，Saito Y，et al.，2010. Recent changes in sediment delivery by the Huanghe（Yellow River） to the sea：causes and environmental implications in its estuary[J]. Journal of Hydrology，391（3-4）：302-313.

Wu Z Y，Zhao D N，Syvitski J P M，et al.，2020. Anthropogenic impacts on the decreasing sediment loads of nine major rivers in China，1954-2015[J]. Science of the Total Environment，739：139653.

Xiao W，Liu X，Irwin A J，et al.，2018. Warming and eutrophication combine to restructure diatoms and dinoflagellates[J]. Water Research，128：206-216.

Xiao X，Agustí S，Pan Y，et al.，2019. Warming amplifies the frequency of harmful algal blooms with eutrophication in Chinese coastal waters[J]. Environmental Science and Technology，53（22）：13031-13041.

Xin M，Wang B，Xie L，et al.，2019. Long-term changes in nutrient regimes and their ecological effects in the Bohai Sea，China[J]. Marine Pollution Bulletin，146：562-573.

Yuan D，Chen L，Luan L，et al.，2020. Effect of salinity on the zooplankton community in the pearl river estuary[J]. Ocean Univ. China，19：1389-1398.